地震液化综合判别法

赵建华　主编

中国水利水电出版社
www.waterpub.com.cn
·北京·

内 容 提 要

本书主要内容包括：全新世饱和砂性土和砾性土、晚更新世黄土地震液化机理分析和地震液化综合判别技术。通过对大量资料的分析，提出了饱和砂性土地震液化综合判别技术和液化度分项计算方法，砾性土综合判别标准和液化度计算方法，同时指出超重型动力触探试验不适用于砾性土液化判别，以及晚更新世黄土液化可能性和液化条件、液化的判别标准。

本书适合广大岩土工程技术人员及相关爱好者阅读，也可作为地震液化研究的重要参考资料。

图书在版编目（CIP）数据

地震液化综合判别法 / 赵建华主编. -- 北京 : 中国水利水电出版社, 2023.9
ISBN 978-7-5226-1745-9

Ⅰ. ①地… Ⅱ. ①赵… Ⅲ. ①地震液化－研究 Ⅳ. ①TU435

中国国家版本馆CIP数据核字(2023)第152862号

书　名	地震液化综合判别法 DIZHEN YEHUA ZONGHE PANBIEFA
作　者	赵建华　主编
出版发行	中国水利水电出版社 （北京市海淀区玉渊潭南路1号D座　100038） 网址：www.waterpub.com.cn E-mail：sales@mwr.gov.cn 电话：(010) 68545888（营销中心）
经　售	北京科水图书销售有限公司 电话：(010) 68545874、63202643 全国各地新华书店和相关出版物销售网点
排　版	中国水利水电出版社微机排版中心
印　刷	北京中献拓方科技发展有限公司
规　格	184mm×260mm　16开本　12.25印张　298千字
版　次	2023年9月第1版　2023年9月第1次印刷
定　价	**88.00**元

本书编委会

主　　编：赵建华

副 主 编：韩胜杰　胡红一

编写人员：王京浦　刘建学　胡克凡　任星臣　孟　晔

高　峰　秦二乐　韩嘉谦　贾玉霞　张文涛

张庆彬

作 者 简 介

赵建华，男，汉族，高级工程师，水利行业著名工程地质专家，1940年出生于石家庄市井陉矿区，1960年考入北京地质学院，1965年毕业后分配到河北省水利厅设计院地质队工作，2000年在河北省水利水电第二勘测设计研究院退休。几十年来一直从事水文地质与工程地质工作，参加了岗南水库非常溢洪道建设并主持了地质施工工作，主持了南水北调中线一期工程邯邢段初期地质勘察工作，对膨胀土治理、高边坡治理、地震液化有深入研究。

作者近照

作者简介

前言

地震液化是一种自然现象，是地震灾害中的次生灾害。其意是在强烈地震振动作用下饱和疏松“固态”砂土变成粥状浆液，失去了承载力和抗剪强度。地震液化可以引起地面沉降、鼓胀、裂缝、沿裂缝和孔洞喷砂冒水，造成建筑物沉陷、倾斜、裂缝、倒塌，地下室上浮，甚至使建筑物损毁，危及人的生命安全。

1906 年美国加利福尼亚州发生 8.6 级大地震，时隔 83 年再次发生 6.9 级强震。两次地震发生大范围严重液化，许多建筑物受到严重破坏。地震液化引起了美国工程界的重视，开启了美国地震液化研究。

1964 年日本新潟县近海发生了 7.5 级大地震，诱发了一次日本最严重的地震液化。地震裂缝遍地，涌砂冒水，隆起成丘，下陷成坑，房屋倾斜倒塌，地下室上浮。有的楼房滑移转动了 20°~30°，最大倾斜 60°。这次地震液化受到全世界工程界的关注，日本从此投入了更大的人力物力展开研究与防治。

2005 年印尼中苏拉威西省发生 7.8 级大地震，诱发了大面积砂土层液化，千万间房屋随泥流漂移倒塌，造成巨大人员财产损失。

中国地处亚欧板块东南，北起黑龙江向南经台湾至海南岛，与太平洋板块对接，同属环太平洋地震带。历史上的莒县大地震、泉州大地震、广东琼山（今海南琼山）、台湾南投大地震都属太平洋地震带。

20 世纪 60—70 年代受到严重震害的当属邢台、海城、唐山三次大地震。1966 年 3 月河北省邢台市隆尧、宁晋发生里氏 6.8 级、7.2 级大地震。广阔的滹沱河右岸冲积平原、宁晋泊、大陆泽洼地、古河道、滏阳河两岸到处发生砂土液化灾害，沉陷、鼓胀、地裂、喷砂冒水、水井或干枯或水位上涨甚至冒出井口，喷砂淹没耕地。周恩来总理三次亲临灾区指导抗震救灾并部署了我国地震研究工作，从此我国的地震监测和研究才步入了正轨，地震液化研究也从此开始。

1975 年 2 月辽宁省海城发生了 7.2 级大地震。在辽河东隆起带和辽河沉降带之间的广大区域及沿海地带发生了大面积液化。地震液化导致约 $180km^2$ 农田被喷出物掩埋。河流两岸液化层变为“液体”向河床滑移。营口有一工厂房地基液化使厂房上浮了55cm。大石桥市地处Ⅷ度烈度区，辖区内旗口村一个在建排灌站地基土液化中产生的上浮力将10根长10m，直径约25cm的混凝土桩推举出地面。

砂土液化使埋深2.7m以下的水泥桩上升事件说明了地震液化时孔隙压力的强大作用。

1976年7月28日河北省唐山市发生7.8级大地震，百万人口的重工业城市顷刻夷为平地，市区以南及沿海平原区发生严重液化。宁河、塘沽、天津等地区都有液化发生，出现地陷、地鼓、地裂、喷砂冒水等多种液化表象。

2008年5月12日四川省汶川县映秀镇发生8级大地震，释放的能量相当于唐山地震的3倍。诱发的液化遍及龙门山东麓广阔的冲洪积扇重叠的平原地带。以岷江、沱江、涪江流域为最。成都市、德阳市、绵阳市液化突出，其中以德阳最为严重，成都次之，绵阳较轻。三市排列方向为北北东向与龙门山断裂走向一致。据震后调查统计地震液化点有58%发生在断层带附近。

地震液化的研究始于20世纪50年代。美国Seed教授提出了地震液化简化判别法，日本、欧洲一些国家根据Seed简化法的思路和方法也提出了各自的判别方法。美国当前实行的液化判别法是Seed简化法的第四次修改后的成果。多国的判别和Seed简化法的不断修改都没有离开标准贯入试验锤击数。

中国对地震液化的认识最早，在1668年7月山东莒县大地震发生的液化现象，许多典籍多有记载。“遍地涌砂、泉忽干、地裂涌泉上喷二三丈，平地大面积被水淹没。”1830年6月河北磁县地震也记载有：“地裂涌水，喷黑色、白色砂和泥砂，喷砂溢水点多为圆洞大小不一”。先人的认识只停留在现象的描述，真正的液化研究还是始于前面提到的邢台地震之后。

砂土、粉土（少黏性土）液化已经被工程界充分认识，液化判别方法也比较成熟，砾性土液化在过去的地震中已有少量报道，试验室已经证实饱和砾石振动液化，汶川地震人们目睹了砾性土液化喷出地表的砂土和砾石、卵石，没人怀疑砾性土液化的事实了。但砾性土液化判别还处于研究探索阶段，距离工程应用还有较长的路要走。粒径较小、含砂量大的饱和砾性土地震液化可能性较大，应引起重视。

目前，我国主要对饱和砂土、粉土（少黏性土）进行地震液化判别，具有代表性的规范有：GB 50011—2010《建筑抗震设计规范》（2016年版）、GB 50487—2008《水利水电工程地质勘察规范》（2022年版）、GB 50111—2006《铁路工程抗震设计规范》、JTG C20—2011《公路工程地质勘察规范》、GB 50287—2016《水力发电工程地质勘察规范》、JTS 146—2012《水运工程抗震设计规范》

等。不同行业各自有自己的规范方法，大多数是沿美国 Seed 的思路和方法为基础发展的。

2008 年汶川大地震，远离极震区的甘肃省天水市清水县田川村发生了一个小型黄土滑坡，引起了一些专家学者的关注。经考察勘察试验，认为是黄土液化诱发了滑坡。

2020 年是我国海原大地震 100 周年，多部门、多专业重返地震区考察调研，其中一个重点就是针对晚更新世黄土液化诱发滑坡的勘察研究。笔者收集晚更新世黄土液化的资料进行分析研究，提出了晚更新世黄土液化可能性、液化条件、液化的判别标准。

中国在液化判别中较早地把液化判别分为初判和复判，是地震液化判别的一大进步。

本书分三篇，第一篇砂性土液化，从第 1 章至第 8 章探索砂性土液化及综合判别；第二篇砾性土液化，自第 9 章至第 17 章探索砾性土液化及综合判别；第三篇黄土液化，第 18 章至第 24 章探索晚更新世黄土液化等问题。

作者

2023 年 5 月

目录

第二篇 砾性土液化

第三篇 黄 土 液 化

第一篇

砂性土液化

第1章

砂性土地震液化

本章提要：以地震动应力引起饱和砂性土液化和非液化盖层应变为基础，以现今和古地震液化事实为佐证，从处理液化隐患的生产实践中剖析地震液化的发生、发展机理。

1.1 饱和砂土在地震中液化的机理

地震液化是地震应力、饱和砂土颗粒间有效应力、粒间孔隙水压力、非液化盖层有效压力四种应力相互作用的结果。地震动应力的强大（地震动峰值加速度 $0.10g$ 以上）和持续作用下砂土体孔隙水压力迅速增长。压力增至临界值砂粒开始微动，发生一过性瞬间加密。这微妙的瞬间加密是看不到的，一般在室内进行施加循环荷载的方法来发现。王天龙进行的排水单剪试验结果显示，在排水条件下随振动周次增加孔隙比逐渐降低，土有加密趋势。如果此时地震动应力消散了，砂性土密实度稍有增加，理论上抗液化性能增强了或者说液化度降低了。如果在不排水条件下地震延续地震动应力持续增加形成了更大的超

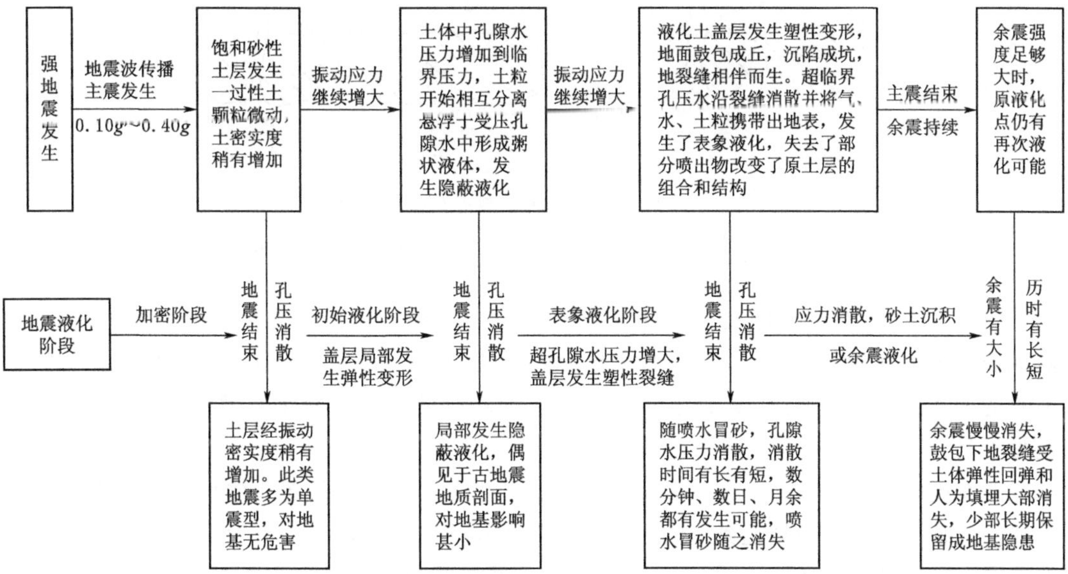

图1-1 砂性土地震液化发生发展过程图

孔隙水临界压力，土的一过性密实随土粒间有效应力消散，孔隙水压力增长抵消了土粒间的有效应力，并离间开土粒，使之悬浮于水中形成粥状液体，土就液化了。

孔隙水压力继续增大，作用于非液化盖层，当超过盖层压力和强度时使盖层土发生变形破坏。鼓胀成包，沉陷成坑，进而开裂成缝。裂缝连通了地表空间与液化层，处于高压状态的液化浆液沿地裂缝喷射而出，即为地震砂土液化现象。发生喷水冒砂的液化叫表象液化。未喷水冒砂只在液化层内，土粒位移三相固态土变成了粥状的液体称为隐蔽液化。

表象液化与隐蔽液化常相伴而生。表象液化释放了大量孔隙水压力，减轻了周围的孔压，使之不能把更多的砂粒喷出地表，只能在液化点内移动。在距液化点更远的地方，由于液化点释放了地震能量，减少了周围能量，液化减弱了，震害也减轻了，以致消失了。

地震液化的发生、发展、消失过程见图 1－1。

1.2 古地震液化

考察到的地震液化至少有 200 万年历史，古地震地质剖面在中（晚）更新世（Q_2）的砂性土层有砂土液化形迹，有松散饱和砂土存在、有强地震发生就有可能发生砂土液化。古地震液化形迹被新的地层掩埋了、风化剥蚀了，发现其“庐山真容”是可遇而不可求的。

宁夏中宁县修建扬水站地基开挖过程中，发现了保留完好的中更新世以后几次地震诱发砂土液化几种形迹，见图 1－2。

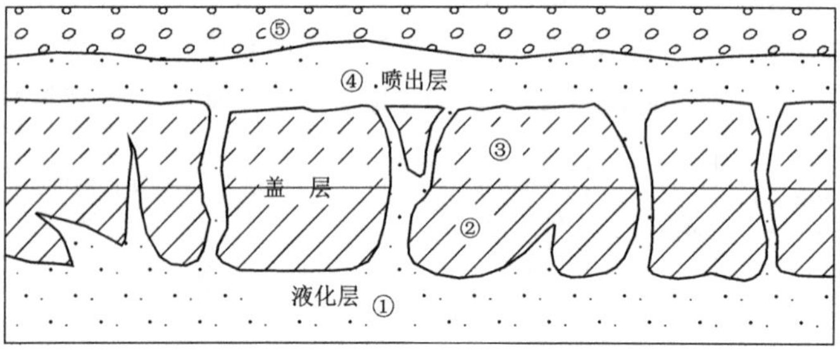

图 1－2 宁夏中宁县古地震液化剖面素描图

①—液化砂层；②③—黏性土盖层；④—液化喷出砂；⑤—卵石盖层

图 1－2 显示在盖层卵石层（Q_3^1）形成之前，Q_2^2 黏土层沉积之后曾经发生过一次强烈地震，诱发了黏土盖层下伏砂土液化。液化强度高，大量液化砂土喷出地面，掩盖地表的面积和喷出砂土厚度十分可观，在上更新世才被沉积卵石层覆盖，百万年后才重见天日。

剖面还显示，地震时强烈的振动使砂土层产生了强度很高的超孔隙水压力，致使黏土盖层发生破裂，有的破裂达到了地表形成了液化物喷发的通道，砂土大量涌喷出地表。有的盖层裂缝未破坏至地表，裂缝中充填砂土。经过液化的“沸砂”重新沉积后有多种形态。见图 1－3、图 1－4。

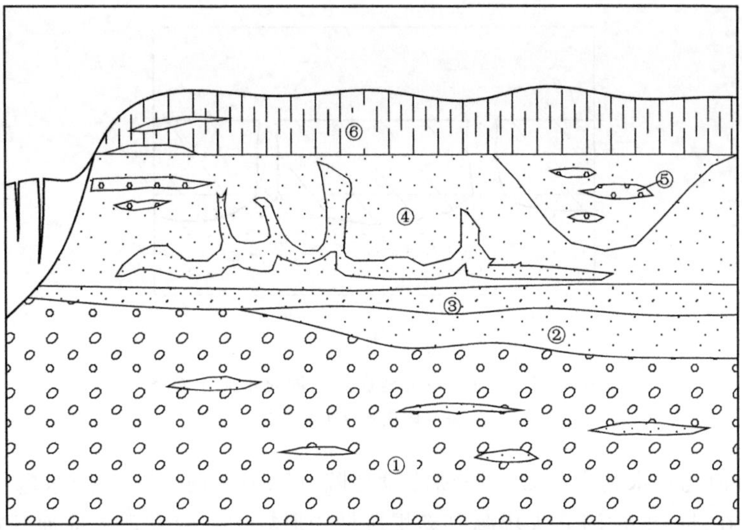

图 1-3　宁夏中宁古地震剖面素描图

①—卵石层；②—中细砂；③—含钙核粉细砂（Q_2^2）；④—细砂（Q_2^2）古液化层；⑤—灰黑色卵石；⑥—马兰黄土

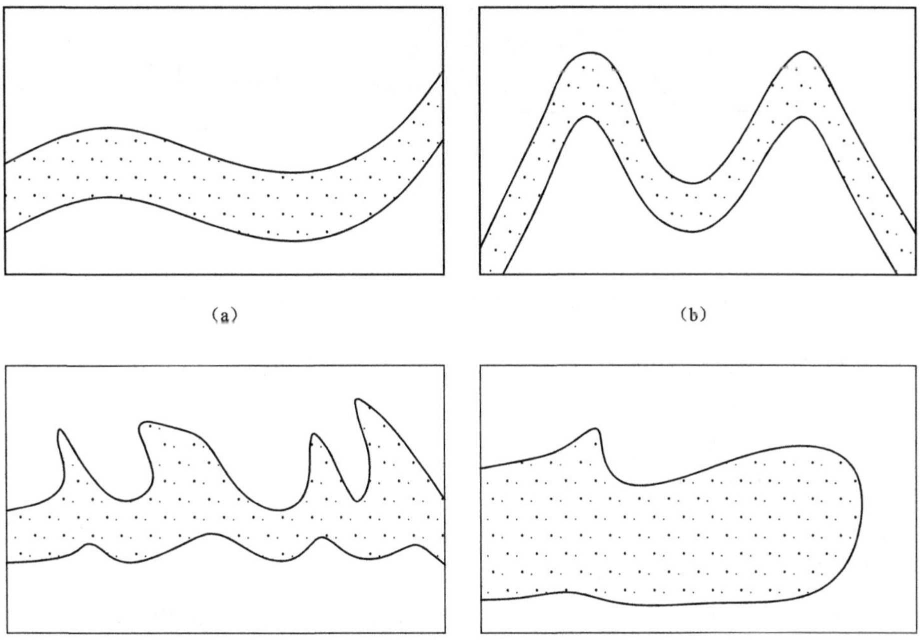

图 1-4（一）　砂土地震隐蔽液化形态示意图

(a) 舒缓波状型（隐蔽液化）；(b) 褶皱曲变型（隐蔽液化）；(c) 褶曲尖顶型（隐蔽液化）；(d) 褶曲翻转型（隐蔽液化）

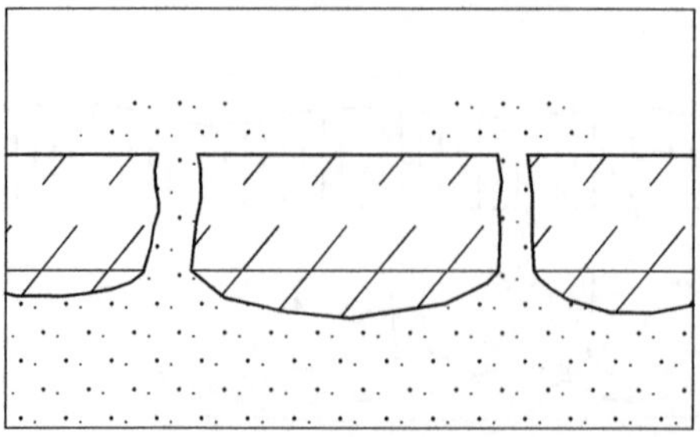

(e)

图1-4(二) 砂土地震隐蔽液化形态示意图
(e) 破裂喷出型(表象液化)

1992年，河北省水利水电石家庄勘测设计院（现名：河北省水利水电规划设计研究院有限公司）在进行滹沱河北大堤献县新堤段勘探取样中，曾发现大堤地基粉质黏土层样品中有脉状粉砂，宽10mm，倾斜55°穿柱状土样，见图1-5。

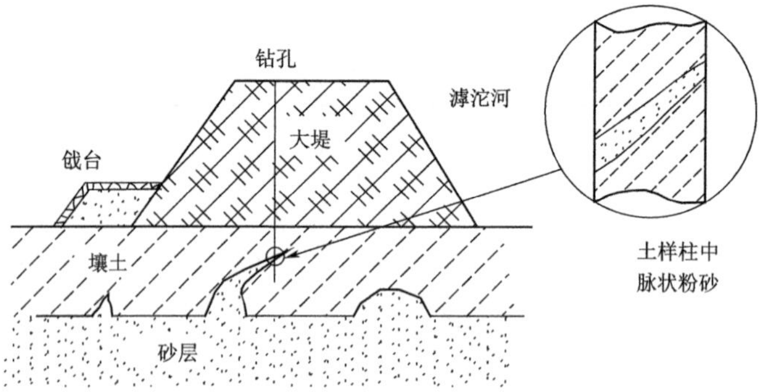

图1-5 河北省滹沱河北大堤献县新堤勘探取样示意图

古地震液化形迹在国外也偶有发现，如美国圣安第斯断层帕里溪段在地层柱状图中描绘出两次地震液化现象，见图1-6。

柱状图显示了两次地震液化，第一次发生于公元820年左右，喷出物为公元510年左右沉积的砂土。液化的粥状砂土，冲破非液化砾质土夹泥炭盖层喷出当时地面。第二次液化发生在1857年左右，液化土层为粉砂层，液化物冲出非液化泥炭、黏土盖层掩盖于当时地表。之后的1904年又开始沉积了中细砂层。时隔1400年发生两次强烈地震并诱发砂土液化。表现出太平洋板块向北偏东方向运动和北美板块向西南方向挤压，使圣安第斯断层平滑移动而产生强烈地震。

地震液化过程。非液化盖层受超孔隙水压力作用产生塑性变形、鼓包，未达到地表的隐蔽裂隙扩大了液化空间、促进了液化的发展。裂缝扩展到地表，连通了高压液化层和地面低压空间，喷砂冒水的表象液化发生，地震应力消散，周围的地震应力降低，经过一阵鼓噪的砂土慢慢沉积，在液化点周围一定范围隐蔽液化的各种形态有的也保存了下来。

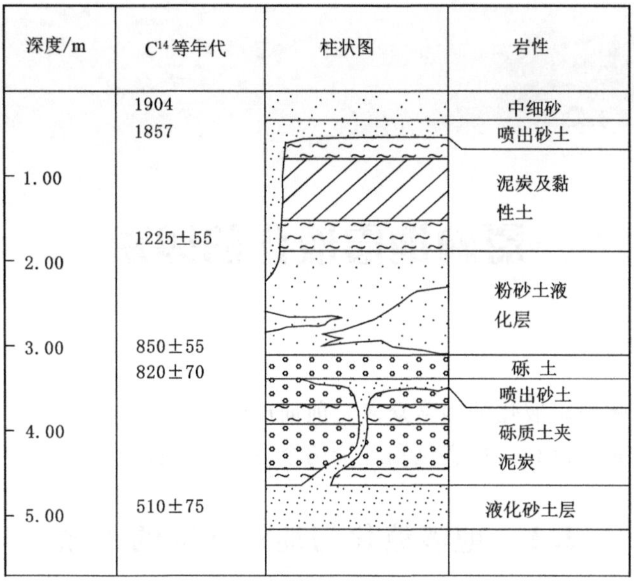

图 1-6 圣安第斯断层帕里溪段柱状图

1.3 沿滹沱河北大堤追踪邢台大地震液化形迹

滹沱河北大堤西起无极县东罗尚村，东至献县枢纽，全长 101.1km。大堤是就地取材均质土堤，堤高多为 5～6m，最高 7m。

1966 年 3 月两次邢台地震波及了滹沱河北大堤，影响其安全，北大堤多处于Ⅶ度烈度区。大地震时，沿堤内外曾发生过地震液化，沿地裂缝喷水冒砂。表面上看对大堤影响不大，当时没有引起足够重视。1987—1992 年间几次大暴雨，使其再次暴露，引起了堤防管理部门重视。

北大堤桩号约 75+000～76+000 吕汉段，1987 年和 1990 年两次暴雨后，吕汉村东南取土坑发现走向近南北的砂带，宽 10～40cm。村民介绍砂带是 1966 年邢台地震时形成的。

1988 年一次暴雨（降雨量 195mm）后，北大堤桩号约 5+000 的东汉段，河漫滩滩地上留下多个大坑和断续连接大坑的裂缝，陷坑直径 1～3m，最深达 4m。

1992 年 7 月连续两日暴雨（降雨量 130mm）后，北大堤姚庄段（桩号 72+120～72+700）堤外取土洼地发现多条裂沟，长者 40～50m，短者 5～10m，裂沟宽 10～40cm，深 50～180cm，沟底见砂性土。

北大堤东汉、姚庄、吕汉段的塌坑裂缝都是 1966 年邢台大地震时砂层液化遗留的隐患，后经劈裂灌浆处理，有效消除了隐患。

北大堤相关堤段隐患调查勘察及劈裂灌浆处理详见附录 1。

第 2 章

影响地震液化的因素

本章提要：影响地震液化的因素众多，前面已经概括有三大因素，三者缺一不可。本章主要是以三大因素为核心，从实例和理论两个方面进行探讨。

2.1 地震液化与地震强度的关系

饱和松散的砂土在地震动应力作用下由固相变成液相称为液化。地震是砂土液化的动力条件，由地震引起液化称为地震液化。

地震分类有很多种，本书研究的是发生在地壳深部的构造地震与土层液化的关系。所谓地壳深部是指地表以下数公里至数百公里，70km 以内称浅源地震；大于 300km 称深源地震；70～300km 称中源地震。

地震有强弱之分，但划分的内容有别。

(1) 按释放能量大小划分：指一次地震发生释放出的能量大小。一次 6 级地震释放的能量大体相当 2 万 t TNT 炸药爆炸，与第二次世界大战中美国投向日本广岛、长崎的原子弹“小男孩”和“胖子”威力相当。

美国地震学家查尔斯·弗朗西斯·里希特（Charles Francis Richter）和宾诺·古登堡（Beno Gutenberg）于 1935 年提出地震强度为 10 级，以地震波最大振幅以 10 为底的对数，并选择距震中 100km 的距离为标准，每增强一级能量相差 32.6 倍。此划分标准称为里氏震级。

(2) 除里氏地震强度划分外，还依据人的感觉和建筑物的破坏程度将地震分为Ⅻ个烈度等级（参见 GB/T 17742—2020《中国地震烈度表》）。

震级和烈度的换算经验公式：

$$M=0.58I_0+1.5 \tag{2-1}$$

式中 M——里氏震级；

I_0——烈度。

2001 年国家发布《中国地震动参数区划图》强调不再采用地震烈度的概念，抗震设计验算直接采用新的区划图提供的地震动峰值加速度和地震动反应谱特征周期。

GB 18306—2015《中国地震动参数区划图》地震烈度与Ⅱ类场地地震动峰值加速度对照见表 2-1。

表 2-1　Ⅱ类场地地震动峰值加速度与地震烈度对照表

Ⅱ类场地地震动峰值加速度	$0.04g \leqslant \alpha_{max}$ Ⅱ $<0.09g$	$0.09g \leqslant \alpha_{max}$ Ⅱ $<0.19g$	$0.19g \leqslant \alpha_{max}$ Ⅱ $<0.38g$	$0.38g \leqslant \alpha_{max}$ Ⅱ $<0.75g$	α_{max} Ⅱ $\geqslant 0.75g$
地震烈度	Ⅵ	Ⅶ	Ⅷ	Ⅸ	≥Ⅹ

地震液化判别也采用新的区划图参数为基础进行判别，重要的是地震强度高液化严重的规律没有变，液化判别以烈度分区的习惯仍有所用。

按地震烈度判别液化，一般地震烈度Ⅶ、Ⅷ、Ⅸ度区域需要判别，有特别要求的Ⅵ度区域按地震烈度Ⅶ度区域判别。

2.2　地震液化与地震波的关系

强大的地震破坏力可以使整个地球抖动，释放的能量靠地震波由震源向三维空间通过多种介质传播消散。

地震波有多种，主要有体波和面波两类。体波有纵波和横波。纵波（P）又称压缩波，垂直地表上下振动，波速为 5.5～7.0km/s，可以在任何介质中传播。地震时使人感到上下颠簸的就是纵波。纵波传播地震释放总能量的 10%左右，即使诱发液化，强度也较小。横波（S）又称剪切波，周期长、振幅大，波速 3.2～4.0km/s，传播总能量的 30%左右，传播方式是平行地表水平运动，形似"筛糠"让人左右晃动站立不稳，由于其能量是纵波的 3 倍，又左右晃动容易诱发土层液化，液化强度也可能较高，横波不能在液体中传播。

在地壳表层有许多界面，有不同岩土界面和各种断裂面，在三维空间方向各异，长短深浅不同，组成的介质不同。地震波在各种界面发生入射、反射、折射，衍生出不同的面波（仅在地表面附近存在），有的重叠加强，有的抵消减弱。面波主要有瑞利波和勒夫波，传播地震总能量 50%以上，是土层液化的主要动力，波速约 3.8km/s。此类波只在地壳表面传播，是在离开震中一定距离后逐渐形成此波，多在震中区以外形成，具有能量大、方向多变、分布不均的特点。瑞利波传播方式为纵向滚动，勒夫波为横向振动传播。

还有一种有争议的波为扭波，例如：

1973 年炉霍 7.9 级大地震，县烈士陵园凉亭立柱扭转了 30°。

1927 年甘肃古浪 8 级大地震，水峡口大佛寺石碑全部向西北扭转倒下。

1975 年海城地震，县城一水塔转体破坏成四节，最后一节右转 40°。

1966 年邢台地震，李四光现场考察，目睹一打谷场边树木转动，感叹这是千载难逢的景象。

1668 年莒县大地震的旋转作用，在《聊斋志异》中被蒲松龄描述道"人眩晕不能立，坐地上，随地转侧"。

现今仍能观察到的 S 形、"歹"字形、"山"字形、"人"字形、"帚"字形、"莲花"形、"多"字形等多种构造形迹都是旋扭应力作用的产物。旋转的运动方式也会促使液化的发生。

各种地震波受不同地层和各种结构面多种因素影响，在地表层分布是不均匀的。同一烈度区中，局部有低 1～2 度的范围，也有高 1～2 度范围，见图 2-1。

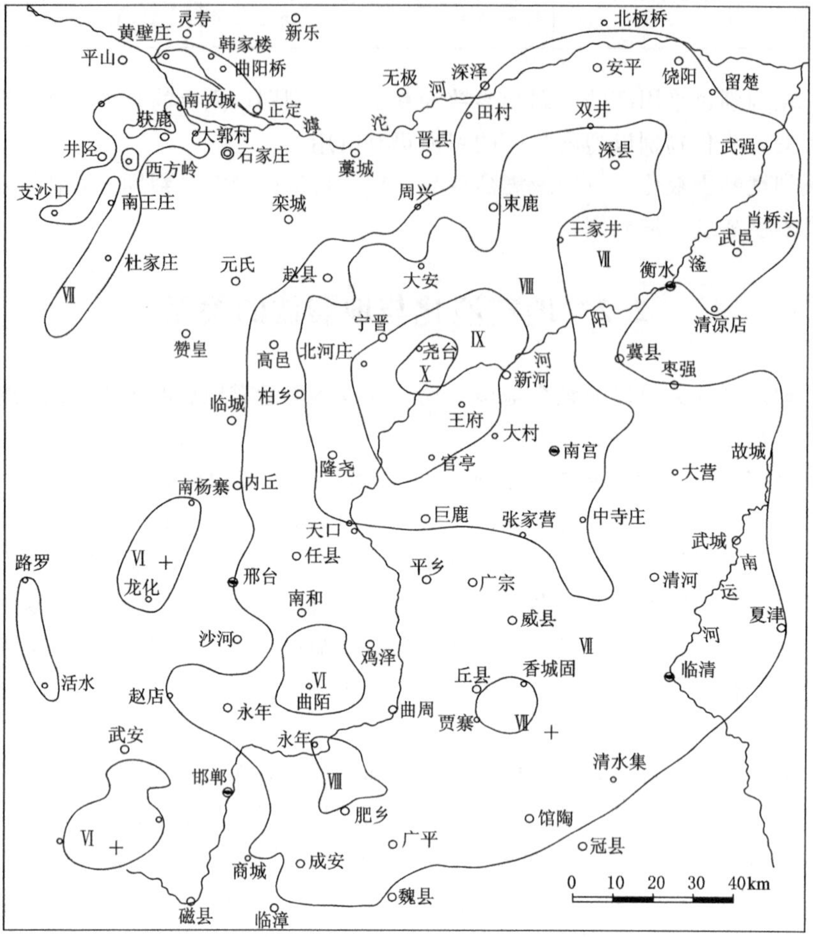

图 2-1　1966 年 3 月 22 日邢台 7.2 级地震高烈度区等震线略图

高烈度范围易发生液化，Ⅵ度区局部范围液化，除土层敏感性高，局部烈度偏高也是主要原因。汶川地震板桥中心学校原属Ⅶ度烈度区，发生了严重液化，震后调查实际烈度为Ⅷ度。

2.3　土的液化与地震持续时间的关系

地震持续时间长、频率高、振幅大释放总能量大，砂土孔隙水压力持续升高，积蓄的压力大，液化的强度自然就高。地震历时有长有短，从历时数秒到数分、数小时、数日、数月均有发生。例如：台湾宜兰 1959 年 7.5 级地震历时 12s，震级虽较高，液化并不严重；甘肃山丹 1953 年 7.3 级地震历时仅 3s，Ⅷ度烈度区仅河床、漫滩见有裂缝冒含泥砂水；邢台地震属群震型，1966 年 3 月 8 日 6.8 级历时 3min，3 月 20 日 5.1 级历时 1s，3 月 22 日 6.7 级历时 6min、7.2 级历时 9s，余震 15 次震级 4.7～5.6，历时 2h 44s，震级高、历时长、余震多、引发的液化范围广、强度高；唐山大地震历时 23s 也发生严重液化，范围广及滨海区，远及天津市；海原大地震持续超过 10min；海城地震持续 2～3h 才液化，更长的在盘锦南部 6～7h 后才液化。单孔喷砂量最高达 $300m^3$。

震级高、历时长、液化度高不容置疑，地震历时长短难预测，对液化影响还未做出量化指标，难以作为判别液化项目。

2.4 土的液化与土的特性关系

土是液化的主体，是内因。土的类别、颗粒大小及含量、颗粒形状、排列密度、矿物成分、土颗粒密度、饱和度、透水性、生成时代、埋藏条件等都是影响液化的因素。而影响有主次之分，主次又是随机变化的。

2.4.1 土的类别影响

不是所有的土都可能发生液化，只有具备了一定条件才会发生。

粗砾类土卵石、砾石土就是不易液化类土。根据牛顿第二定律，粒径大质量大的颗粒位移所需要能量也大，比粒径小的砂土不易位移，也就不易液化。粒径大的卵砾石土比表面积小，周围薄膜水少而自由水多，径流畅通孔隙水压力不易升高也是不易液化的因素之一。

细粒黏土类土（粒径小于 0.005mm）细颗粒含量越高，比表面积越大，表面带负电荷越多，吸引的极性水分子也越多，形成的结合水薄膜也越厚，自由水相对减少且活动空间被薄膜水占据而受阻，孔隙水压力难以升高；细粒土中的黏粒具有的黏聚力大大削弱了孔隙水压力，降低了土的液化度。

砂性土，尤其是细砂、粉砂（粒径 0.25～0.075mm）主要矿物成分是石英、长石、云母，在地表层广泛沉积，由于沉积时间在全新世至今，固结度低、结构松散，粒径介于黏性土和砾性土之间，没有砾卵石那样大粒径、大质量、渗透强的抗液化性能，也没有黏性土具有的黏聚力和低的渗透性，因此具有高于砾性土和黏性土的液化度。这一特征与河床冲刷希尔兹曲线理论如出一辙，细砂、粉砂、粉土抗冲性既小于黏土，也小于砾卵石，起动流速最低，最容易被冲动。

自然界的土是万花筒，组合的类别说不清有多少种。最容易发生地震液化的还是无黏性土和少黏性土。

在水利行业主要是砂土、砂壤土、粉土、轻壤土（轻粉质壤土），在建筑行业主要是砂土、粉土，容易发生地震液化。

2.4.2 土的密实度影响

土的密度与土的颗粒大小、颗粒形状、结构等都有相关关系，与土的剪切波速和标贯试验锤击数（以下简称标贯击数）也相关密切。是评价砂土液化的重要指标。

砂土相对密度（D_r）值是由现场取原状样在室内测试天然孔隙比（e_0）和最大、最小孔隙比（e_{max}、e_{min}）通过式（2-2）求得：

$$D_r=\frac{e_{max}-e_0}{e_{max}-e_{min}} \tag{2-2}$$

式中 D_r——相对密度；

e_0——天然孔隙比；

e_{max}、e_{min}——最大、最小孔隙比。

或通过测试最大最小干密度用式（2-3）求得：

$$D_r=\frac{\rho_d-\rho_{dmin}}{\rho_{dmax}-\rho_{dmin}} \tag{2-3}$$

式中 ρ_d——天然干密度，g/cm^3；

ρ_{dmax}、ρ_{dmin}——最大、最小干密度，g/cm^3。

砂土层取原状样，主要是为了获得天然孔隙比（或天然密度）。浅层采用探坑灌标准砂或铺塑料布灌水求密度、含水率等。深埋砂土层取原状样难度大，冷冻法较可靠，但取样成本高、难度大，植物胶取样技术勉强取得近似原状样。

当前上海功成勘察设备有限公司研制的内环刀取砂器已投入使用。据黄河勘测设计研究院王俊杰等报道，在某工程场地运用效果良好，不但成功采取到原状砂土样，而且内环刀取样还减少了砂样开样扰动。

砂土的密实度一般采用相对密度指标划分，见表2-2。砂土的密实度也有按孔隙比（e）划分的，见表2-3。

表2-2 按相对密度划分砂土密实状态

相对密度 D_r	密实度	液化度	相对密度 D_r	密实度	液化度
≤0.33	疏松	高	>0.67	密实	低
$0.33<D_r\leq0.67$	中密	中			

表2-3 砂土密实度按孔隙比（e）分类表

砂土类别	密实	中密	稍密	松散
中、粗、砾砂	$e\leq0.60$	$0.60<e\leq0.75$	$0.75<e\leq0.85$	$e>0.85$
细、粉砂	$e\leq0.70$	$0.70<e\leq0.85$	$0.85<e\leq0.95$	$e>0.95$

密实度高的砂土，土颗粒排列紧密，孔隙小而少，土粒间有效应力大，孔隙间自由水少，抗液化性能高，密实度越高液化度越低。

利用相对密度判别砂土液化较早的是美国Seed提出的，基本条件是：$d_{50}=0.075\sim0.20$mm砂土，循环震次20，地下水埋深1.5m，建立地面加速度与相对密度相关关系，给出了判别液化表，见表2-4。北京市原水电勘测设计处曾提出利用相对密度判别砂土液化表，见表2-5。

表 2-4　　地面最大加速度与相对密度判别液化表

最大地面加速度（地震烈度）	可能液化	液化可能取决于土的类型和地震强度	不液化
0.10g（Ⅶ度）	D_r≤0.33	0.33<D_r≤0.54	D_r>0.54
0.15g（Ⅶ度）	D_r≤0.54	0.54<D_r≤0.73	D_r>0.73
0.20g（Ⅷ度）	D_r≤0.63	0.63<D_r≤0.85	D_r>0.85
0.25g（Ⅷ度）	D_r≤0.70	0.70<D_r≤0.92	D_r>0.92

表 2-5　　不液化砂土相对密度

最大地面加速度（地震烈度）	相对密度 D_r	最大地面加速度（地震烈度）	相对密度 D_r
0.10g（Ⅶ度）	>0.53	0.20g（Ⅷ度）	>0.78
0.15g（Ⅶ度）	>0.64	0.25g（Ⅷ度）	>0.90

对比表 2-4 和表 2-5，判别值稍有区别。

1964 年日本新潟 8 级大地震水平最大加速度 0.16g，饱和砂土相对密度 D_r≤0.5 的地区普遍液化而相对密度 D_r≥0.7 的区域未发现液化。

GB 50487—2008《水利水电工程地质勘察规范》给出的饱和无黏性土的液化临界相对密度判别表，见表 2-6。

表 2-6　　饱和无黏性土的液化临界相对密度判别表

地震动峰值加速度/g（地震烈度）	0.05（Ⅵ度）	0.10（Ⅶ度）	0.20（Ⅷ度）	0.40（Ⅸ度）
液化临界相对密度 D_{rcr}/%	65	70	75	85

对比 Seed 表 2-4，本表烈度Ⅵ度、Ⅶ度区，不液化相对密度临界值稍有提高，Ⅷ度、Ⅸ度区临界值稍有降低。

利用相对密度判别饱和砂土液化还缺少足够的调查资料，尤其是Ⅷ、Ⅸ度烈度区相对密度临界值可能偏高（未见有相对密度 D_r≥0.75 发生液化的报道）。

综合现有资料本文提出以相对密度判别砂土液化指标见表 2-7。

表 2-7　　地震烈度Ⅶ、Ⅷ、Ⅸ度对应相对密度液化判别表

地震烈度	饱和砂土相对密度 D_r/%	判　别
Ⅶ	<40	易液化
	40≤D_r≤65	可能液化
	>65	不易液化
Ⅷ	<50	易液化
	50≤D_r≤75	可能液化
	>75	不易液化

续表

地震烈度	饱和砂土相对密度 D_r/%	判 别
Ⅸ	<65	易液化
	$65 \leqslant D_r \leqslant 85$	可能液化
	>85	不易液化

当砂土原状样易取、相对密度容易准确测定时，以相对密度判别砂土液化也是重要方法。

在砂土液化判别中，现行各种方法都把液化划分为是和非两类，本书认为液化判别影响因素多，准确率不高，难以做肯定性结论，因此将判别结果划分为易液化、可能液化、不液化三个类别。

2.4.3 土的黏粒含量影响

细砂、粉砂、粉土中的黏粒（粒径 d_c=0.005mm）含量对地震液化的影响，在国家现行规范中明确给出了不同烈度的不易液化临界指标。如 GB 50011—2010《建筑抗震设计规范》给出的不液化黏粒含量与地震烈度关系见表 2-8。

表 2-8 黏粒含量与地震烈度关系

地震烈度	Ⅵ	Ⅶ	Ⅷ	Ⅸ	Ⅹ
黏粒含量 ρ_c/%		10	13	16	

GB 50487—2008《水利水电工程地质勘察规范》给出的不液化黏粒含量与地震动峰值加速度关系见表 2-9。

表 2-9 不液化黏粒含量与地震动峰值加速度关系

地震动峰值加速度/g	0.10	0.15	0.20	0.30	0.40
地震烈度	Ⅶ		Ⅷ		Ⅸ
黏粒含量 ρ_c/%	16	17	18	19	20

两表相比，GB 50487—2008《水利水电工程地质勘察规范》黏粒含量临界值高于 GB 50011—2010《建筑抗震设计规范》。表明判别同种土时按照《水利水电工程地质勘察规范》较《建筑抗震设计规范》更容易液化。两个规范判别指标虽有差别，但黏粒含量高液化度低的认识是一致的。

据海城、唐山大地震 64 个液化点的调查统计，绘制出黏粒含量不液化临界线统计图（见图 2-2）。统计取值见表 2-10。

表 2-10 唐山海城地震粉土液化黏粒含量临界值

地震烈度	Ⅶ	Ⅷ	Ⅸ	备注
黏粒不液化界限含量 ρ_{cj}/%	>12	>13.5	>15	>不液化

注意到以黏粒含量 ρ_c 确定的临界指标 $\rho_c > \rho_{cj}$ 土层不液化，ρ_{cj} 的取值源于调查统计中的液化土层黏粒含量最高值。以震后调查统计最高值为临界值，在现今有较高的可靠度。判别液化的其他指标也用此方法确定基本值。

前面讨论了黏性土具有颗粒小、比表面积大、吸附力强、水薄膜厚、自由水少、透水性差的特性。这些特性都是阻碍孔隙水压力升高的抗液化因素。当黏粒含量（不超过25%）高时，抗液化强度高。

当少黏性土（主要指粉土）黏粒含量达到10%时会发生有效粒径效应，显示出抗液化潜势随黏粒含量增高而增高。当黏粒含量超过20%达25%时，在地震应力作用下有软化可能，含量更高有发生流变或震陷灾害可能。

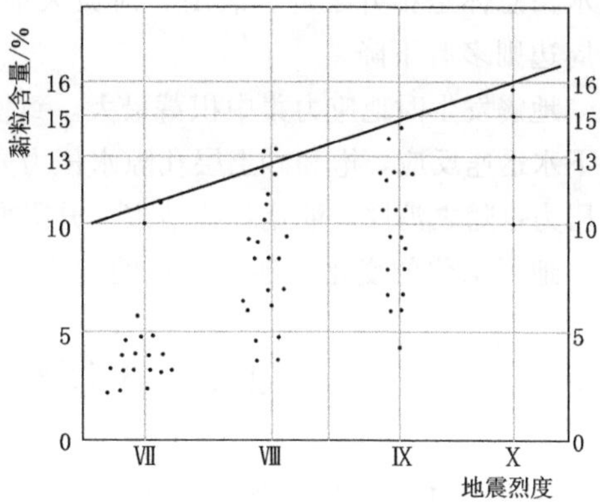

图2-2　唐山海城液化土层黏粒含量与烈度关系图

2.4.4　土的生成历史影响

土是由岩石受物理、化学、生物、温度、机械、重力多种作用风化而成，又受重力、水流、风力、冰川等动力搬运沉积，广布于陆地表面，生成的历史长者数百万年，短者为新近沉积的松散土类，主要指约1.2万年前至今沉积的土，称全新世（Q_4）沉积土。

该类砂性土沉积历史短，固结度低，结构松散，孔隙度高，渗透性介于黏土和砾性土之间，在地震震动作用下容易液化。

上更新世以前中、下更新世（Q_2、Q_1）也有黏土和砂土沉积，黏土多称老黏土，至今已有万年至数百万年历史，已达超固结。砂土也是具超固结高密度特征，即使强大地震发生也不易再发生液化了。它们在百万年前的地震中留下液化形迹只有在保存完好的古地震地质剖面中才能看见。

唐山大地震路北区为滦河二级阶地，埋深4.0m左右的饱和砂土沉积时代为上更新世（Q_3），地处Ⅸ度烈度范围未发生液化。汶川“5·12”大地震也未见有上更新世（Q_3）砂土层液化的详细而确切的报道。

国外学者尤德（Youd）等研究了1978年日本和1977年罗马尼亚大地震后土层液化，也得出了上更新世（Q_3）及以前生成的砂土不液化的结论。

上更新世及以前沉积砂土不液化，当前国内不同行业的多个规范对此认识一致。

偶见只言片语报道上更新世（Q_3）砂土液化。如有报道称：1556年华县大地震有（Q_3）砂土液化；1668年山东莒县8.5级地震中Ⅹ度烈度区的临沂汤河大南庄（Q_3）砂层液化。资料模糊缺少有力证据，还未能得到认可。《建筑抗震设计规范》将上更新世（Q_3）及以前砂土只列出Ⅶ、Ⅷ烈度不液化，未列Ⅸ度不液化或许是留有余地。

2.5　液化与构造应力场的关系

地震发生在构造应力场内，应力场是一定范围内按势分布，又随时间而变化，场内各点的强度和方向也随时间而变化。在地震前地应力向震源聚积，地表面也相应有多种反映地应力应变、重力、地磁以及地下水位有异常表现。

根据帕斯卡定律：在密封条件下，地下水受到地震应力的作用也随之向震中区汇集，使水头总体呈抬升之势。唐山、海城大地震前，地下水位在震中区多有抬升少有下降，震中周边则多有下降。

地震发生时地应力集中积蓄最大，致使岩体破坏应力释放之时，释放的能量作用使表层地下水迅速反应，饱和砂土层孔隙水压力升高导致砂土液化发生，地震结束地应力消散孔隙水压力也随之消散，液化就此结束。升降变化的地下水位也慢慢恢复到震前正常状态。

地下水位的变化，砂土液化的发生、发展、消失都是构造应力场应力变化的结果。

2.6 土层渗透性与液化的关系

1. 砂性土层渗透性对液化的影响

砂性土具备了一定的渗透性才容易发生液化。渗透性过大（如卵石层）或过小（如黏土层）孔隙水压力都不易升高，液化度都不高，这一特点得到了室内试验的证实。1982年刘令瑶等进行的不同类土振动台试验，结果给出了不同含砾量、不同渗透系数与液化度的关系见图2-3。

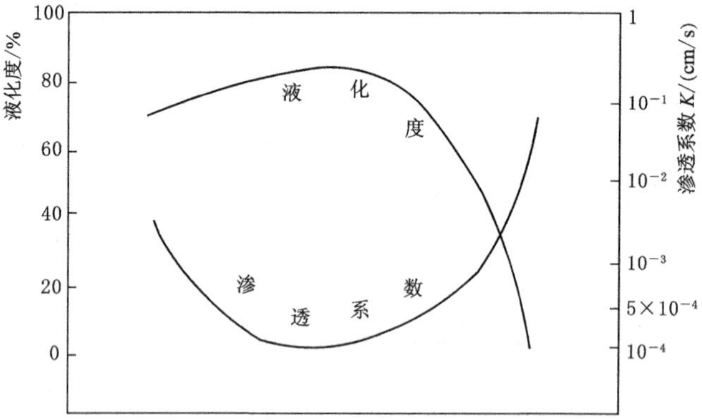

图2-3 液化度与渗透系数关系图（刘令瑶等）

图中显示 $K>10^{-2}$ cm/s 时，液化度约10%，不易液化；$K\geqslant10^{-1}$ cm/s 时，液化度近于0；10^{-4} cm/s$<K<5\times10^{-4}$ cm/s 时，液化度大于70%；5×10^{-4} cm/s$\leqslant K<2\times10^{-2}$ cm/s 时，液化度为20%～40%，可能液化。

2. 非液化盖层渗透性对液化的影响

孔隙水压力升高须要有一个相对封闭的空间，黏性土透水性弱，形成的盖层也相对封闭，地震应力作用下孔隙水压力容易升高，所以容易液化。砾土形成的盖层透水性强，形不成相对封闭环境，孔隙水压力升高幅度小，难以达到土层液化临界压力，不易发生液化。这一结果在室内振动台排水、不排水对比试验中得到了证明，见图2-4。

此试验振动台台面长×宽=2m×1m。最大载重1.0t，可输入正弦波、任意波。振动台模型箱采用剪切箱容器，外形尺寸750mm×550mm×530mm，共分10层。试验结果：不排水条件孔隙水压力迅速升高；排水条件升高值只有不排水条件的30%左右。试验结束30s排水条件孔隙水压力消散至0，而不排水条件孔隙水压力还有45%。

试验结果定性证明：盖层渗透性强，排水条件好，封闭差，孔隙水压力不易升高也自

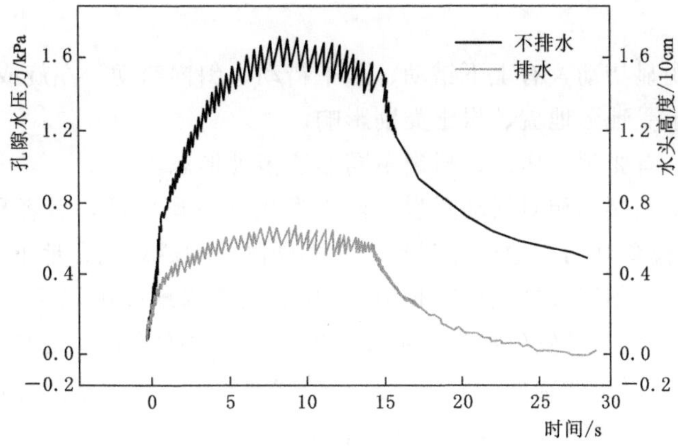

图 2-4 排水和不排水与孔隙压力关系（曹振中等）

然不易液化。振动结束孔隙水压力消散迅速，液化持续时间也自然短。

砂土液化是水充于土的孔隙中饱和了砂土，在地震震动作用下孔隙水压升高，离间了土粒使其悬浮于孔隙水中。土和水是液化发生、消退缺一不可的孪生兄弟。

2.7 地下水位在地震中的动态变化与液化的关系

地下水对地震应力有特别的敏感性，因此在地震前兆中被列为重要观测项目。如唐山大地震前北京耿庆国发现蚂蚁爬满晾晒的床单，意识到地下水位上升，可能是地震的前兆。地震时地下水位处在动态变化中，变化历时有长有短，长者有数月之久，这可能会使本身是未饱和不液化砂土变为饱和，也可以使本身饱和的砂土变成不饱和，都会影响到液化的判别。

图中明显显示震中唐山市、滦县周边地下水上升点较多，沿北西向多于北东向，震中外围地下水多有下降，呈向震中汇集态势。

地震中地下水上升点多在震中附近集中，与地应力向震源震中集中有一致性。

2.8 地裂缝与液化的关系

地震时有多种地裂缝发生。构造地裂缝、岸边卸荷地裂缝、液化盖层塑性变形地裂缝。不论哪类地裂缝连通了液化层砂土都是粥状液化物喷出地表的通道，高压液态砂土向低压地表喷出形成表象液化。

（1）构造地裂缝：是在地球内动力作用下形成的，又可分为基底断裂累积发展形成地裂缝和地震地裂缝，隐伏断裂开启地裂缝。此类裂缝特点是：

1）规模大，长度断续可达数十公里、数百公里、上千公里。宽度也有数米、数公里、数百公里不等。中国东部的郯庐断裂长达 2400km，宽度达上百公里，深度达地幔以下（上百公里）。1668 年发生的山东莒县大地震震源深 36km 就在该断裂带上。

2）序次多，断裂带常有主干断裂，其两侧有不同序次的次生断裂，有的可以划分出三级以上低序次。

3）断裂带有明显错动，有上下错动、水平错动、斜向错动、左旋或右旋错动。

4）延续方向不受地形地貌、岩土类别影响。

5）形式多样，有张裂、压裂、扭裂不同形迹多种形态。

6）有相对稳定断裂和相对活动断裂，前者发生地震概率低，后者易发地震，为此对一些活动断裂布置位移观测、地应力观测、重力观测、地磁观测、地下水动态观测、生物异常观测等。自 1966 年邢台地震以来我国在 70 多次中强地震中记录了 1000 多条前兆异常。多异常活动断裂较容易发生地震，地震强度在地裂缝发育部位更高，诱发的液化强度高，单点喷砂量高，以断裂延伸方向液化点呈带状展布，有时会连通深部储存的深层水汽喷出异味气和水。各类建筑都不宜在活动断裂带选址。

（2）外力作用地裂缝，常见的有松散土体潜蚀作用形成的地裂缝，黄土湿陷形成的阶梯状地裂缝，如甘肃省引洮工程渠道所经地段是我国陇西黄土分布广、堆积厚度大、湿陷性和敏感性高的地段，曾因黄土湿陷造成渠道两侧岸边黄土湿陷顺河向岸边形成多条湿陷裂缝。岸边卸荷裂缝在地震水平应力作用下也会进一步发展成平行水流的多阶形岸边裂缝。对地下水大量开采，水位大幅下降也会加重地裂缝的发展，如西安市地下水超采和渭河断陷盆地下沉造成西安市发生了 20 多条断裂。不论什么性质的地裂缝，地震时沟通了地表和液化土层，都会形成喷砂冒水的通道。

（3）地震液化地裂缝，是液化砂层超孔隙水压力作用使非液化盖层产生鼓胀开裂而成。该类裂缝在鼓胀边缘呈环形分布，在鼓胀顶部多“十”字形，裂缝短而深度只到盖层底部，尽管规模不大但仍连通了地表至液化层，超孔隙水压力沿裂缝释放，粥状液化物随之喷出地表。

任何液化点都是超孔隙水压力释放点，压力逐渐消散，喷砂冒水渐少，直至压力消失。

一个液化点或多点形成的液化带都是孔压释放区，周边则是应力消减区，有隐蔽液化发生。更远的地方则是低压非液化区。参见砂土地震液化影响范围示意图 2－5。

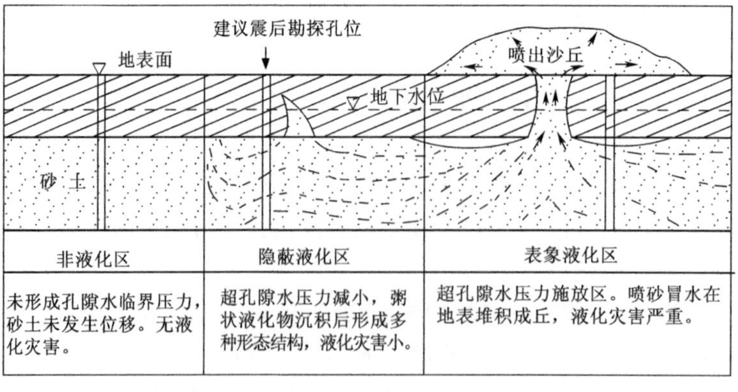

图 2－5　砂土地震液化影响范围示意图

第 3 章

地震不液化临界深度

饱和砂土在地震中发生液化灾害引起了工程界关注，并投入了大量人力物力进行研究和防治。判别砂土液化的工作第一项重要任务便是确定液化土层的下限深度，本书称为不液化临界深度，该深度以下是不液化层。

地震前饱和砂土中的固体砂粒、液态水和气，保持三相平衡状态。

3.1 地震不液化临界深度分析

砂土层发生震动液化的深度是有限的，大多数仅在地表下数米深，1～5m 居多，5～10m 少见，大于 10m 罕见。主要原因有：

(1) 诱发砂土液化的主要地震波是面波。引起饱和砂土液化的主要是面波，主要有勒夫波、瑞利波等。面波传播地震能量大，是体波的 2 倍，且仅在地表传播，而传播有方向、强弱多变特征。面波由体波在地表层衍生而成，也只在地表层传播，故液化大部在表层有限深度发生。如果有例外多是在活动断裂附近区域，主要由剪切体波作用而成。剪切波由震源向三维空间传播，传播地震总能量约 1/3，且是水平摆动，由深至浅传播，在地表活动断裂带强度大，液化深度也自然大，此类液化的喷出物具有明显特征，气体有异味，水有特别味，如臭鸡蛋味（硫化氢气体），还有的加热后水面飘起油花。这种勾连深层土液化局限在断层带，是局部的、少数的，也是建筑地基回避选择的。

(2) 室内振动平台试验证明液化仅在有限深度发生。地震液化在地表浅层发生，由室内振动平台试验给出了答案，见图 3-1。

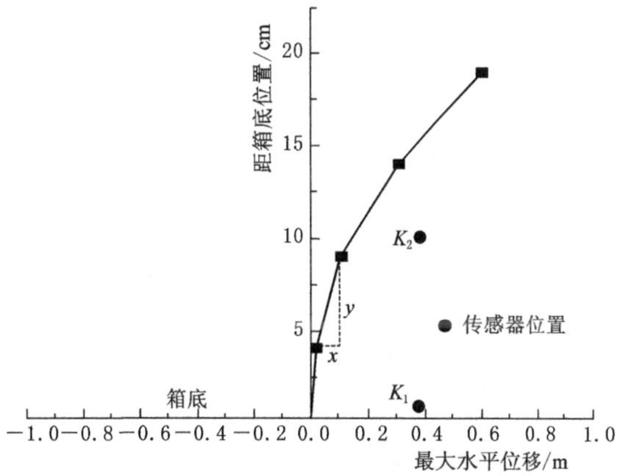

图 3-1 0.15g 正弦荷载砂土水平位移深度变化

试验结果显示饱和砂土水平位移随深度增加逐渐减小至零。在距试验箱底 19.1cm 顶层水平位移 6.0mm，14.1cm 处水平位移 3.0mm，9.1cm 处水平位移 2.0mm，4.1cm 处水平位移为零。4.1cm 深处就是液化的临界深度。

3.2 临界深度的确定方法

确定液化临界深度是液化判别的重要环节，也是地基处理中涉及处理深度、处理方案选择、工程造价和工期的重要问题。提出一个合理安全临界深度是液化判别中非常慎重的工作，确定方法主要有以下几种。

3.2.1 震前震后勘察成果对比法

在震后液化调查中，收集同烈度区场地液化点震前勘察成果，与震后勘察成果对比，确定未液化深度是一件事半功倍的工作。

不难想象液化过的土层，凡能见到喷水冒砂表象液化的，由于部分砂土喷出地表，液化土层永远缺少了部分物质，改变了震前砂土层的物质成分，同时颗粒组合改变了，土层结构改变了，层位错乱了，物理力学指标改变了，这些变化都可以作为比对项目。比对各项目开始一致的深度就是液化的临界深度。这样的资料积累越多对预判临界深度越有益。

3.2.2 标准贯入击数（*N*）和剪切波速（V_s）确定临界深度

以 *N* 和 V_s确定液化深度是震后调查中常见的方法，由于液化后土层土的结构变了，密实度变了，而临界深度以下未液化土层仍保持着震前的特征。在临界深度的上下，标准贯入击数（*N*）和剪切波速（V_s）也显示出明显变化，这个变化的界面深度就是临界深度。

图 3－2 是汶川地震板桥学校场地震前、震后超重型动力触探（以下简称“超重动探”）击数（N_{120}）的对比，震前深度 6.5m 以上卵石层击数较低，震后有明显增高。深度 6.5m 以下，卵石层震前震后动探（N_{120}）击数突显一致性增大且较高。深度 6.5m

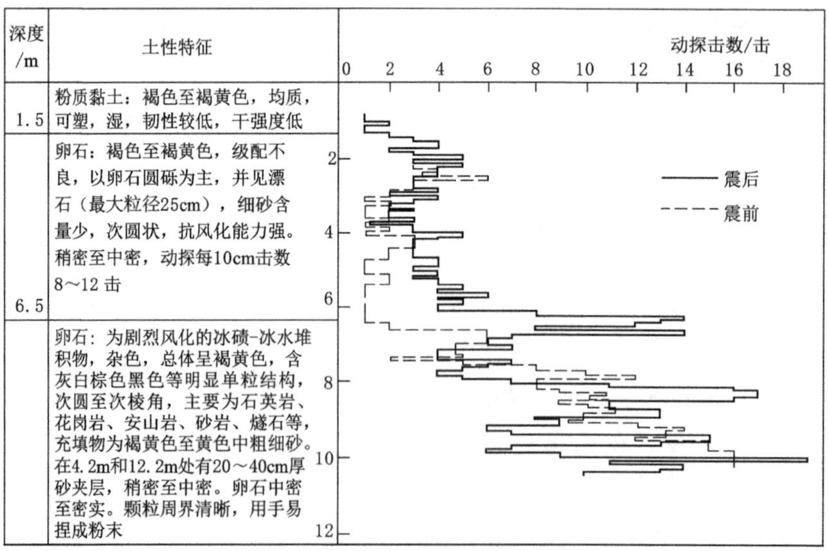

图 3－2 汶川地震板桥学校液化点震前、震后 N_{120}击数对比

是击数明显变化界线，液化临界深度确定为 6.5m。当然，这个场地深度 6.5m 上下的卵石层时代成因不同，按本节后面的“地层埋藏条件”判断，也可确定液化临界深度为 6.5m。

图 3-3 是超重型动探（N_{120}）与剪切波速（V_s）判别液化土层临界深度的对比。对比显示超重型动探（N_{120}）随深度增加击数呈犬牙状增加，常出现深处击数低于上部的击数，多种因素影响导致规律性较差。而剪切波速（V_s）值随深度增加的规律比超重型动探明显要好。从超重型动探击数看，深度 5.1m 以下总体击数升高，临界深度可以确定为深度 5.1m；从剪切波速看，深度 6.0m 是增大转折点，综合分析确定深度 6.0m 为这个场地的地震液化临界深度更为合适。这不是个例，汶川“5·12”地震液化点大都显示随深度增加剪切波速 V_s 比超重型动探 N_{120} 规律优越。

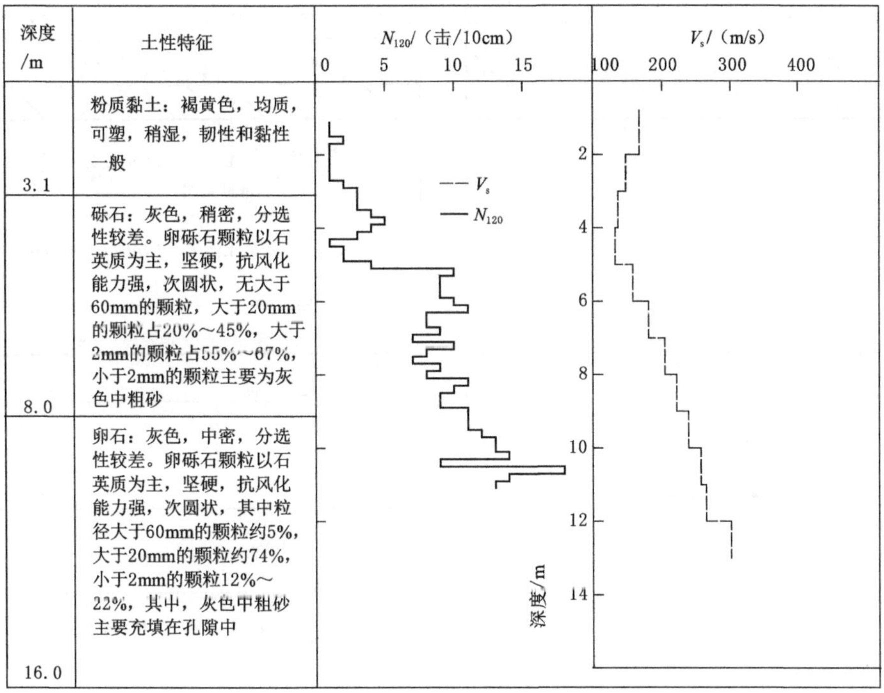

图 3-3 彭州天鹅村 7 度液化点动探、剪切波对比图

3.2.3 依据土层埋藏条件确定液化临界深度

松散饱和新近沉积的砂土层的上部盖层厚度、透水性、底部地层埋深、生成时代、岩性等都可能成为液化的界限边界-临界深度。以下是 8 类不同埋藏条件对液化的影响，见图 3-4。

图 3-4 显示了地下水位、非液化盖层厚度与液化临界深度之间的关系：

(1) 地下水位 d_w 和非液化盖层厚 d_u，其中一个大于临界深度 d_{cr} 不发生液化，见图 3-4 (b)、(c)。

(2) d_w、d_u 都小于临界深度 d_{cr} 易发生液化，见图 3-4 (a)、(f)、(g)。

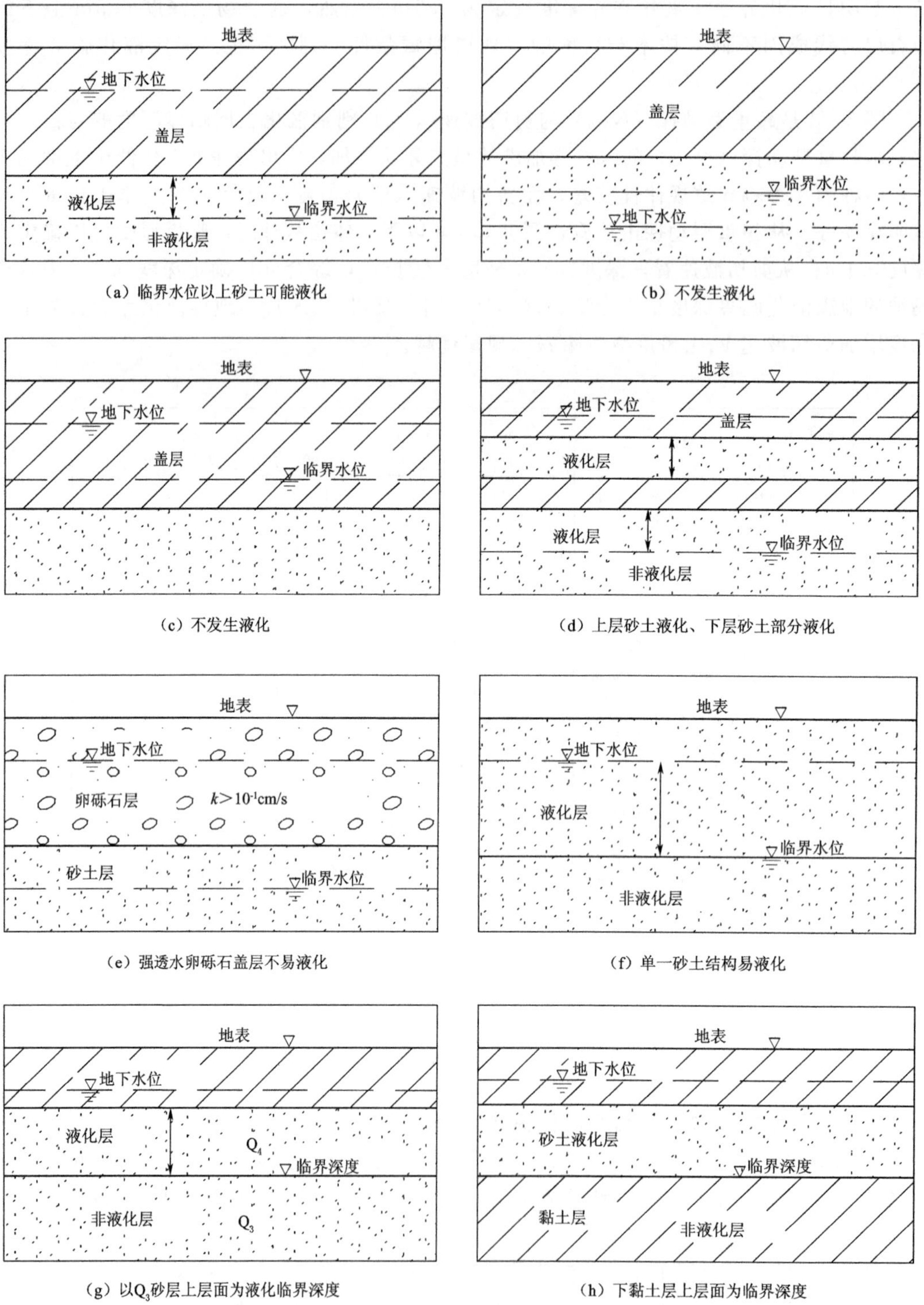

图 3-4　非液化盖层厚度、地下水位埋深与液化的关系

（3）非液化盖层透水性强、渗透系数远大于液化土层时不液化，见图 3-4（e）。

（4）以 Q_3 土层上层面为临界深度，以上砂层液化，见图 3-4（g）。

由以上八类图显示，盖层厚度 d_u、地下水位埋深 d_w、地质时代 Q_3、土层盖层透水性都能成为液化发生的控制条件，也可以纳入初判条件。

值得讨论的问题：

（1）对于多层结构，如图 3-4（g）中砂黏多层确定临界深度有一定难度，黏土夹层的存在是下部砂层的液化障碍，但难以量化，有待研究。

（2）在计算非液化盖层压力时常把淤泥质土、淤泥、软土不计入压力。砂土在地震动应力作用下液化必须克服上覆压力，软土类土不发生软化流变仍可以传递压力起到抑制孔隙水压升高的作用，如果在砂土液化前发生软化失去抗剪强度造成沉降或流变那是另一个工程地质问题，此时液化判别也失去了意义。

3.2.4 临界深度的评论

通过不液化临界深度确定和室内振动平台试验，以及理论分析，得出液化深度是有限的。此深度以上的饱和砂土在地震中液化，此深度以下土层不发生液化。当非液化盖层为黏土、卵石时，厚度大于等于临界深度时不发生液化；当地下水位埋深大于等于临界深度时也不发生液化，此地下水位以上即使为粉细砂因未饱和也不发生液化。临界不液化深度只有一个（d_{cr}），不论 $d_u>d_{cr}$ 还是 $d_w>d_{cr}$ 都不发生液化。

GB 50011—2010《建筑抗震设计规范》对于浅埋天然地基的建筑，当上覆非液化土层厚度和地下水位埋深符合下列条件之一时，可不考虑液化影响。

$$d_u>d_0+d_b-2 \tag{3-1}$$

$$d_w>d_0+d_b-3 \tag{3-2}$$

$$d_u+d_w>1.5d_0+2d_b-4.5 \tag{3-3}$$

式中 d_u——上覆盖非液化层厚度，m；

d_w——地下水位埋深，宜按设计基准期内年平均最高水位采用，也可按近期内年最高水位采用，m；

d_b——基础埋深，m，不超过 2m 时应采用 2m；

d_0——液化土特征值深度，m，可按表 3-1 取值。

表 3-1　液化土特征深度 d_0　　单位：m

土　类	烈　度		
	Ⅶ度	Ⅷ度	Ⅸ度
粉土	6	7	8
砂土	7	8	9

表中深度值源于震后调查统计，与其他指标一样都是取最大值，历次大地震液化深度均未超过。

这一判别计算还可以用图判别，见图 3-5。

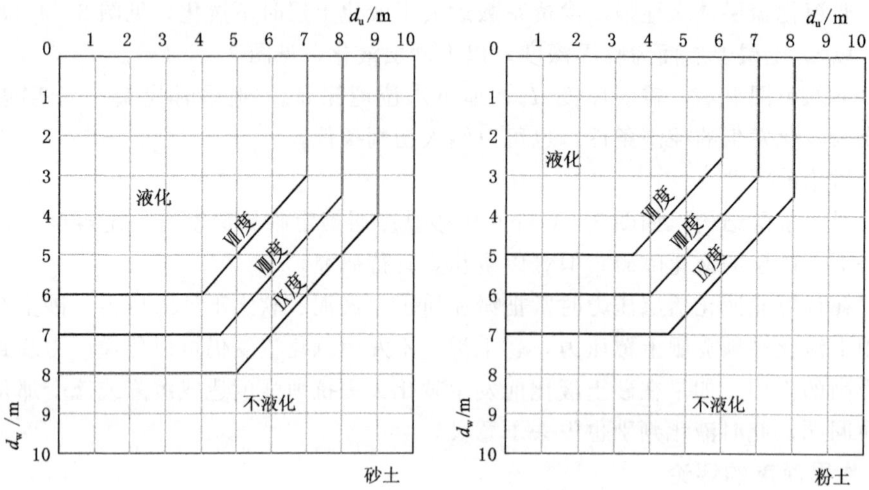

图 3-5 砂土、粉土初判液化图

d_u—上覆非液化土层厚度，m；d_w—地下水位埋深，m

第 4 章

标准贯入击数在液化判别中的运用

4.1 标准贯入击数判别法

标准贯入试验已经广泛应用。应用于液化判别较早而且影响较大的是美国的西特(Seed)。大约在 20 世纪 60 年代，他收集了 15 次地震液化资料包括日本 1964 年新潟大地震大面积液化和中国部分地震液化资料，绘制了地震液化判别曲线图（见图 4-1）。

图 4-1 纵坐标为液化剪切应力比 τ_{deq}/σ_v'、横坐标为修正标准贯入击数 N_1，5 条曲线分别为 5 个不同震级线，该曲线组的左上方为液化区；曲线组的右下方为非液化区。根据计算求得的 N_1 和 τ_{deq}/σ_v' 值在相应的震级曲线找交点位置，点位落在该震级曲线左上方判液化；落在曲线右下方为不液化。

纵坐标 τ_{deq}/σ_v' 称剪切应力比，其中 τ_{deq} 为地震等效剪应力，按式（4-1）计算：

$$\tau_{deq}=0.65\gamma_d\sigma_v'\alpha_{max}/g \tag{4-1}$$

式中 σ_v'——上覆有效压力，kPa；

α_{max}——地面水平震动加速度时呈曲线最大峰值，m/s^2；

g——重力加速度，m/s^2；

γ_d——按深度修正系数，见图 4-2；

0.65——转换系数，是将随机的地震剪切波转换成等幅剪应力波的折减系数。

西特建立剪切应力比与标准贯入锤击数 N 的关系时，假设地震波是由深部基岩向地表传至砂土层，又假设土体是圆柱形刚体，但土体又是具有一定弹性，经反复试验计算提出了深度修正系数 γ_d（见图 4-2）。其值在 5m 深度范围内平均值约 0.95；范围值0.93～0.99；10m 深度范围内平均值约 0.81。

按式（4-2）计算：

$$N_1=[1-1.25\lg(\sigma_v'/\sigma_v)]N \tag{4-2}$$

式中 N——实测标准贯入击数；

$\sigma_v=100kPa$。

西特将剪切应力比与标准贯入击数建立相关关系确立了砂土在不同震级时的液化判别方法，引起了许多国家也包括中国的效仿。

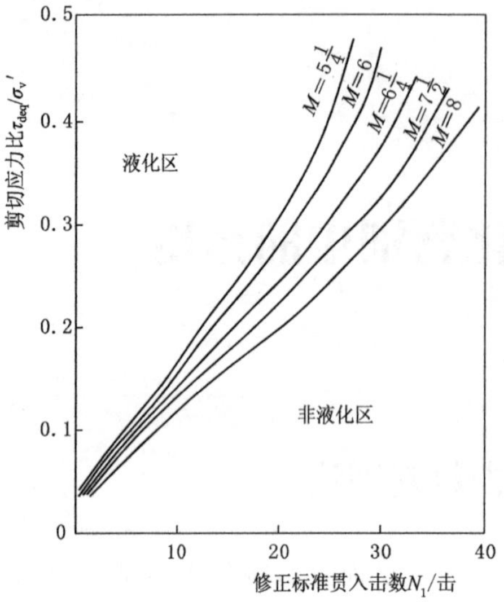

图 4-1　砂土液化判别曲线

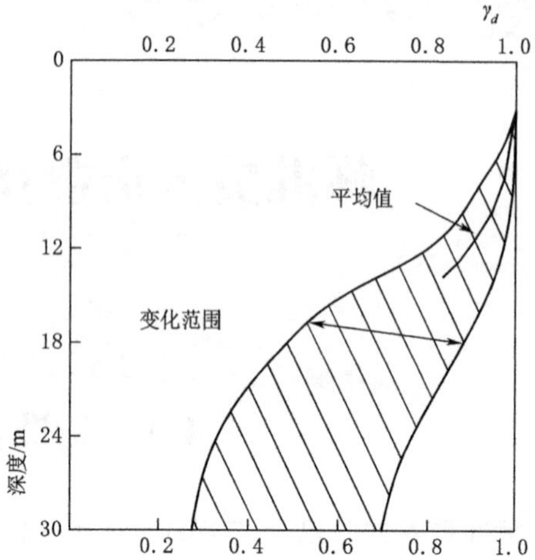

图 4-2　剪应力简化计算深度修正系数（γ_d）

4.2　标准贯入击数基准值

考虑非液化盖层厚度（d_s）和地下水埋深（d_w）由基准值（N_0）计算不液化临界值（N_{cr}）、$N_{cr}>N_0$判别液化。

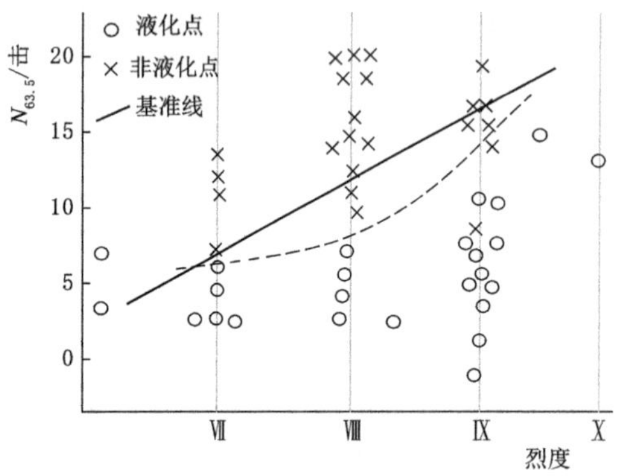

图 4-3　用 N 确定界线值

20世纪70年代，根据已发生的8次强地震28个液化点和30个非液化点的调查，根据勘探标贯（N）测试结果，绘制了标贯击数和地震烈度关系图见图 4-3。

这些点大都是在埋深 $d_s=3$m，地下水位埋深 $d_w=2$m 条件下统计得出的结果，见表 4-1。

对不同的盖层厚度和地下水位埋深引用了西特和吉布斯的成果经简化得到标贯判别临界值（N_{cr}）计算式：

$$N_{cr}=N_0[1+0.125(d_s-3)-0.05(d_w-2)] \tag{4-3}$$

式中　N_0——基本值由表 4-1 查得；

N——实测标贯击数。

$N_{cr}<N$ 判不液化。

表 4-1　　标贯击数基准值（N_0）与地震烈度关系表

地震烈度	Ⅶ	Ⅷ	Ⅸ
标贯击数基准值/击	6	10	16

式（4-3）在 SDJ 10—78《水工建筑物抗震设计规范》等标准中被引用。

经过对海城、唐山地震等地震液化现场资料的研究，对式（4-3）进行了修订，引入了黏粒含量项，考虑了近震、远震的影响，调整了水位和土层埋藏深度的影响系数，使修订后的计算式更加合理。

标贯击数临界值（N_{cr}）计算式：

$$N_{cr}=N_0[0.9+0.1(d_s-d_w)]\sqrt{\frac{3}{\rho_c}} \tag{4-4}$$

式中　ρ_c——黏粒含量百分率，当小于 3 或为砂土时，均应采用 3；

其他符号同前。

4.3　标准贯入击数判别液化的发展

标准贯入试验因其击数与土体的物理力学参数相关性较好，在生产实践中得到广泛应用，倍受工程地质人员青睐。标准贯入试验推广至液化判别以来，其在液化复判中的应用还在不断发展。

水利水电行业技术人员，在实践中认识到，勘察期间的场地地质条件与工程运行期间的条件存在较大差异时，利用勘察期间的场地地质条件作出的标贯击数地震液化判别结果，或偏于不安全或偏于保守。于是根据场地勘察期间和工程运行期挖填、地下水升降变化情况，提出对实测标贯击数进行修正，见式（4-5）。

$$\frac{N}{N'}=\frac{d_s+d_w+7.8}{d'_s+d'_w+7.8} \tag{4-5}$$

式中　N——修正后标贯击数，击；

N'——标准贯入试验实测锤击数，击；

d_s、d_w——标准贯入试验时地下水位埋深、标准贯入点在当时地面以下深度，m；

d'_s、d'_w——分别为工程正常运行时地下水位深度和地基开挖深度改变后标准贯入点深度，m。

后期实践中，又将式（4-5）修订为式（4-6）。

$$\frac{N}{N'}=\frac{d_s+0.9d_w+0.7}{d'_s+0.9d'_w+0.7} \tag{4-6}$$

式中符号同前。

式（4-6）经过多年的运用，发现在地下水位变化很大的条件下，实测标贯击数修正幅度过大，导致密实的砂土也会产生液化。在对近年来相关研究成果进行综合分析的基础上，结合实际工程，GB 50287—2016《水力发电工程地质勘察规范》中改用计算式（4-7），纠正了前述修正计算式的缺陷。

$$N=N'\left(\frac{\sigma_v}{\sigma'_v}\right)^{0.5} \tag{4-7}$$

式中　σ_v——工程正常运行时标准贯入点有效上覆垂直应力，kPa；

σ'_v——进行标准贯入试验时标准贯入点有效上覆垂直应力，kPa。

σ_v及σ'_v取值均不应小于35kPa，且不大于300kPa。

4.4　标准贯入击数在判别液化中的缺陷

西特建立的标准贯入试验击数判别地震砂土液化的基本思路和方法在多国和中国有广泛的影响，并得到进一步发展。判别式有数十个，都是用一个计算式结果判别液化或不液化。计算式考虑的项目主要有：地下水位深度、非液化盖层厚度、基础埋深、黏粒含量、标贯击数，剪切波速等。但地震液化的发生是多种因子共同作用的结果，作用项目有主有次，而主次也不是固定的，无法用一个计算式完全表达。

效仿西特法应当了解到，西特建立的判别思路和方法还是有些缺陷。

(1) 假设条件的局限性。多种假设条件中，假设地震波是由下部基岩向地表传播，剪切波是水平震动向上，由水平最大加速度求得剪切应力。地震中地震波在场地是随机的，大小、方向多变不匀，假设的条件可能是多种情况中的一种，难以代表多种、多向、强度不等的地震波作用。

(2) 对标准贯入测试的缺陷估计不足。标准贯入试验是由重量63.5kg穿心锤，76cm落距击打卡盘由ϕ42mm钻杆将能量传递至贯入器。能量在传递中受多种因素影响消耗很大，影响能量消耗的因素众多，主要有：锤杆摩擦，钻杆抖动，钻杆与孔壁的摩擦，设备、操作差异。

(3) 地下水位对标贯击数的影响。这是个有争议的问题，大多数从业者、学者没有考虑饱水对标准贯入击数的影响，美国学者（Terzaghi 和 Peek）1953年认为对有效粒径d_{10}在0.1～0.05mm范围（细砂、粉砂），当标贯击数大于15击（称临界密度标贯击数）时按式（4-8）修正。

$$N=15+1/2(N'—15) \tag{4-8}$$

式中　N——修正后标贯击数；

N'——实测标贯击数。

这一修正还未见在地震液化判别实践中运用。

影响标贯击数的因素众多，以标贯击数判别饱和砂土液化并不是最佳选择，但采用标贯击数判别砂土和少黏性土地震液化已经成为岩土工程界的常用方法，只是在使用中应考虑其缺陷的存在，推荐采用多种评价方法，以提高地震液化判别的可靠度。

第 5 章

剪切波速是判别砂性土液化的重要指标

剪切波是地震动力传播的方式，剪切波速度是土的重要物理指标。剪切波速可在现场单孔、两孔、多孔内和地面进行测试，也可在室内通过弯曲元试验测得。设备轻便，操作简单，因此得到了广泛应用。

剪切波速值随深度增加而增大的规律比标贯击数随深度变化规律明显优越，很少出现标贯击数深层小于浅层的异常。

剪切波速的获取属物理手段，也有它的不足，但改进优化空间大，获取指标会越来越精确。

剪切波速判断液化在我国起步于海城、唐山大地震发现大面积砂土液化后。在众多的剪切波判别液化的方法中，比较有影响的当属石兆吉在 1993 年提出的液化判别式：

$$V_{scr}=V_{s0}\sqrt{d_s-0.0133d_s^2} \tag{5-1}$$

式中 V_{scr}——液化临界波速值，m/s；

V_{s0}——液化波速基本值，烈度Ⅶ（0.15g）、Ⅷ（0.20g）度饱和粉土分别取 55、65，饱和砂土分别取 80、95。

此判别式已经列入 DB/T 29-247—2017《天津市岩土工程勘察规范》。

后经调查判别式改为：

$$V_{scr}=V_{s0}\left(1-0.185\frac{d_w}{d_s}\right)\sqrt{d_s-0.0133d_s^2} \tag{5-2}$$

式中 d_w、d_s——地下水埋深和盖层厚度，m；

V_{s0}——基本值，烈度Ⅶ、Ⅷ、Ⅸ度砂土分别取 65、90、130，粉土分别取 45、65、90。

GB 50487—2008《水利水电工程地质勘察规范》（2022 年版）给出的判别式为：

$$V_{st}=291\sqrt{K_H Z r_d} \tag{5-3}$$

式中 V_{st}——上限剪切波速度，m/s；

K_H——地震动峰值加速度系数；

Z——土层深度；

r_d——深度折减系数。

r_d 按下列公式计算：

$$Z=0\sim10,\quad r_d=1.0-0.01Z \tag{5-4}$$

$$Z=10\sim20,\ r_d=1.1-0.02Z \tag{5-5}$$

$$Z=20\sim30,\ r_d=0.9-0.01Z \tag{5-6}$$

实测剪切波速（V'）值大于上限剪切波速（V_{st}）判不液化。

例题：某场地地震烈度Ⅶ度，Q_4砂土埋深3.0m，地下水埋深2.0m；5m深度测得波速136m/s，砂土厚3.6m，试用天津市规范和水电规范判别是否液化。

DB/T 29-247—2017《天津市岩土工程勘察规范》：场地地震烈度Ⅶ度，$V_{s0}=80$，地下水位埋深$d_w=2$m，上覆土层厚度$d_s=5$m，代入式（5-2）：

液化临界波速$V_{scr}=80\times\sqrt{5-0.0133\times5^2}=173$。

实测波速136m/s，小于液化临界波速值173m/s，判深度5m处的砂层地震液化。

石兆吉调查后修改判别式，场地地震烈度Ⅶ度，$V_{s0}=65$，地下水位埋深$d_w=2$m，上覆土层厚度$d_s=5$m，代入式（5-2）：

液化临界波速$V_{scr}=65\times\left(1-0.185\times\dfrac{2}{5}\right)\times\sqrt{5-0.0133\times5^2}=130$

实测波速136m/s，大于液化临界波速值130m/s，判深度5m处的砂层地震不液化。这个结果与天津市规范计算结果相矛盾。

GB 50487—2008：地震动峰值加速度系数0.15，土层深度$Z=5$m，深度折减系数$r_d=1-0.01\times5=0.95$，代入式（5-3）：

上限剪切波速度$V_{st}=291\times\sqrt{0.15\times5\times0.95}=245.6$

实测波速136m/s，小于上限剪切波速度245.6m/s，判深度5m处的砂层地震液化。

综合分析判定，深度5m处砂层地震液化。

虽然土层波速代表性较好，判别土层地震液化可靠性较高，但不同公式间差别较大。液化判别应用时，要用不同的公式互相验证综合分析，避免判别结果错误。

根据汶川砂土夹层剪切波速值统计并比对砾性土波速基本值提出砂土基本值，见表5-1。

表5-1　砂土剪切波速基本值表（V_{s0}）

烈　度	Ⅶ	Ⅷ	Ⅸ
剪切波速基本值/(m/s)	160	180	200

第6章

砂土液化综合判别

地震液化造成的灾害严重威胁着人类的生命财产安全，而强大的地震每年都有发生，判别地震液化是世界工程界一项重要任务。由于地震近期和临震预报水平不高也影响了液化判别的准确性，液化判别亟待发展。

液化判别对国家建设规划、资源开发起到了重要作用，是一项不可缺少的重要工作。为此强制性国家标准已有明确规定 GB 55002—2021《建筑与市政工程抗震通用规范》3.2.2条，对抗震设防烈度不低于Ⅶ度的建筑与市政工程，当地面下 20m 范围内存在饱和砂土和饱和粉土时，应进行液化判别；存在液化土层的地基应根据工程的抗震设防类别、地基的液化等级，结合具体情况采取相应的抗液化措施。

地震液化判别的对象是全新世以来（尤其是新近）沉积的砂土，以细砂、粉砂、粉土为主要判别对象，而这些砂性土还必须是饱和的。

本书判别的饱和砂土是指地下水位以下的砂性土。

液化判别步骤与国内现行规范保持一致，分两步完成：第一步初判；第二步本书称为“延判”。初判是选择能一票否定液化发生的单因子，一旦成立判别结论为不液化。

不满足初判任何一条标准的进行延判。进入延判的土都有发生液化的可能，但又不是必定发生液化，这部分土只有液化度（发生液化的概率和强弱指标）高低之分，虽有一部分不液化但又不能达到百分之百，所以不再有不液化之说。本书在延判中采用了“容易”和“可能”两种划分。“容易”表示发生液化概率高，也就是液化度高；“可能”表示概率小或液化度低。

液化判别的目的是为评价和处理建筑地基提供依据，理应与建筑需要相结合。《建筑抗震设计规范》根据建筑物抗震类别给出了针对不同液化等级场地的处理措施，见表6-1。

表6-1　　抗液化措施

建筑等级	地基液化等级		
	轻微	中等	严重
乙类	部分消除液化沉陷，或对基础和上部结构处理	全部消除液化沉陷，或部分消除液化沉陷且对基础和上部结构处理	全部消除液化沉陷
丙类	基础和上部结构处理，亦可不采取措施	基础和上部结构处理，或更高要求的措施	全部消除液化沉陷，或部分消除液化沉陷且对基础和上部结构处理

续表

建筑等级	地基液化等级		
	轻 微	中 等	严 重
丁类	可不采取措施	可不采取措施	基础和上部结构处理，或其他经济措施

注 对于甲类建筑物的地基抗液化措施应进行专门研究，但不宜低于乙类的相应要求。

表6-1显示乙类设防（多生命工程）要求最高。丁类最低，只有严重液化才采取处理措施。液化判别的重点是乙、丙类建筑和中等至严重液化等级。故此液化判别对乙、丙类设防地基液化判别要保证安全度高。只有液化判别准确，采取设防措施妥当，建筑物安全才能有较高可靠度。本文在延判中相应分出“容易液化”和“可能液化”二类与建筑设防类别乙、丙、丁相适应。

为了将液化判别与建筑抗震设防类别结合，本文提出另一个新概念，“液化值”用于区别延判中“容易液化”和“可能液化”。

液化值（Yhz）按式（6-1）计算：

$$Yhz=\alpha X_0 \tag{6-1}$$

式中 X_0——判别项目基本值，见表6-2；

α——建筑抗震设防类别系数，乙类、丙类和丁类分别取0.85、0.75和0.65。

液化值越高，发生液化几率越高，设防要求越高，Yhz是砂土液化地基处理的重要参数之一；另一个参数是液化指数（液化强度）。

砂土液化判别项目的临界值汇总见表6-2。

表6-2　砂土液化判别项目临界值汇总表

项 目	烈 度		
	Ⅶ	Ⅷ	Ⅸ
沉积时代	Q_3及以前		
黏粒百分含量/%	12	16	18
剪切波速/(m/s)	160	180	200
非液化盖层厚度/m	7	9	11
相对密度/%	65	75	85
非液化盖层透水性 K	$K\geqslant1.2$倍判别砂土层的渗透系数		
标准贯入击数 N/击	6	10	16

说明：$K\geqslant1.2$是参照排水与不排水孔隙水压力相差约1.15倍，为安全取1.2倍。

砂土层的液化判别，液化值计算成果见表6-3。

砂性土地震液化综合判别法初判见表6-4。表中列出6个项目：土层时代、黏粒含量、剪切波速、盖层厚度、相对密度、盖层透水性，其中一项实测值大于表中对应项目临界值，即判不液化，否则判可能液化，然后进行下一步延判。

表 6-3　　液化值计算成果表（*Yhz*）

项目	建筑等级	系数	烈度		
			Ⅶ	Ⅷ	Ⅸ
			Yhz	*Yhz*	*Yhz*
黏粒含量 ρ_c/%	乙	0.85	0.85×12=10.2	0.85×16=13.6	0.85×18=15.3
	丙	0.75	0.75×12=9.0	0.75×16=12.0	0.75×18=13.5
	丁	0.65	0.65×12=7.8	0.65×16=10.4	0.65×18=11.7
剪切波速 V_s/(m/s)	乙	0.85	0.85×160=136	0.85×180=153	0.85×200=170
	丙	0.75	0.75×160=120	0.75×180=135	0.75×200=150
	丁	0.65	0.65×160=104	0.65×180=117	0.65×200=130
临界深度 d_s/m	乙	0.85	0.85×7=5.95	0.85×9=7.65	0.85×11=9.35
	丙	0.75	0.75×7=5.25	0.75×9=6.75	0.75×11=8.25
	丁	0.65	0.65×7=4.55	0.65×9=5.85	0.65×11=7.15
相对密度 D_r/%	乙	0.85	0.85×65=55.25	0.85×75=63.75	0.85×85=72.25
	丙	0.75	0.75×65=48.75	0.75×75=56.25	0.75×85=63.75
	丁	0.65	0.65×65=39.0	0.65×75=48.75	0.65×85=55.25
$N'_{63.5}$击数/击	乙	0.85	0.85×6=5.1	0.85×10=8.5	0.85×16=13.6
	丙	0.75	0.75×6=4.5	0.75×10=7.5	0.75×16=12.0
	丁	0.65	0.65×6=3.9	0.65×10=6.5	0.65×16=10.4

表 6-4　　砂土地震液化综合判别法初判表

序号	判别项目	临界值			实测值	液化度	
		烈度Ⅶ	烈度Ⅷ	烈度Ⅸ		不	可能
1	土层时代	Q_3及以前			Q_3	√	—
2	黏粒含量 ρ_c/%	≥12	≥16	≥18	P'_c	√	—
3	剪切波速 V_s/(m/s)	≥160	≥180	≥200	V'_s	√	—
4	盖层厚 d_s/m	≥7	≥9	≥11	d'_s	√	—
5	相对密度 D_r/%	≥65	≥75	≥85	D'_r	√	—
6	盖层透水性 *K*	大于判别层 *K* 值 1.2 倍				√	—

注　标准贯入锤击数有时出现异常未列入初判。

砂性土地震液化延判见表 6-5。表中列出 7 项，除前述 6 项外，增加了标贯击数判别，7 项判别中任一项实测值小于对应项目液化值，终判容易液化，否则终判可能液化。

表 6-5　　砂土液化综合判别法延判表

序号	判别项目		液化值 Yhz			实测值	液化度		备　注
			烈度Ⅶ	烈度Ⅷ	烈度Ⅸ		容易	可能	
1	时代		Q_4			Q_4	√	—	
2	$\rho_c/\%$	乙	<10.2	<13.6	<15.3	P_c'	√	—	
		丙	<9.0	<12.0	<13.5	P_c'	√	—	
		丁	<7.8	<10.4	<11.7	P_c'	√	—	
3	$V_s/(m/s)$	乙	<136	<153	<170	V_s'	√	—	
		丙	<120	<135	<150	V_s'	√	—	
		丁	<104	<117	<130	V_s'	√	—	
4	d_s/m	乙	<5.95	<7.65	<9.35	d_s'	√	—	
		丙	<5.25	<6.75	<8.25	d_s'	√	—	
		丁	<4.55	<5.85	<7.15	d_s'	√	—	
5	$D_r/\%$	乙	<55.3	<64.0	<72.3	D_r'	√	—	
		丙	<48.8	<56.3	<63.8	D_r'	√	—	
		丁	<39.0	<48.8	<55.3	D_r'	√	—	
6	$N_{63.5}$/击	乙	<5.1	<8.5	<13. 6	N'	√	—	一孔中有多个值呈上大下小时不建议采用此判别
		丙	<4.5	<7.5	<12.0	N'	√	—	
		丁	<4.0	<6.5	<10.4	N'	√	—	
7	盖层 $K/(m/s)$	小于砂土层 1.2 倍					√	—	适用河漫滩
终判		7 项判别中任一项实测值小于液化值终判容易液化，7 项全大于液化值终判可能液化							

液化等级划分：当终判结果为“容易液化”应进行液化强度等级划分，提出液化指数（I_{LE}），I_{LE}值大表示液化严重，对地基危害大。《建筑抗震设计规范》的划分标准见表 6-6。

表 6-6　　液化等级与液化指数的对应关系

液化等级	轻　微	中　等	严　重
液化指数 I_{LE}	$0<I_{LE}\leqslant 6$	$6<I_{LE}\leqslant 18$	$I_{LE}>18$

《震规》对存在可能液化土层的场地，给出液化指数计算式为：

$$I_{LE}=\sum_{i=1}^{n}\left[1-\frac{N_i}{N_{cri}}\right]d_iW_i \tag{6-2}$$

式中　I_{LE}——液化指数，以一个钻孔为一个计算单位；

n——在判别深度范围内每一个钻孔标准贯入试验点的总数；

N_i——土层 i 点标准贯入锤击数的实测值（注意有些规范对实测值的校正）；

N_{cri}——为土层 i 点标准贯入锤击数的临界值；

d_i——i 点所代表的土层厚度，m，可采用与该标准贯入试验点相邻的上、下两标准贯入试验点深度差的一半，但上界不高于地下水位深度，下界不低于液化深度；

W_i——i 土层单位厚度的层位影响权函数值，m^{-1}，当该层中点深度不大于5m时应采用10，等于20时应采用零值，5～20m时应按线性内插法取值。

本书给出了液化指数计算的方法是从地震烈度、液化层埋深、液化层厚度三大因素考虑的，见表6-7。

表6-7　　砂土综合判别法液化指数计算表

项　目	等级	分值	分值之和液化指数 I_{LE}	液化等级
地震烈度	Ⅶ	20	>80	严重
	Ⅷ	30		
	Ⅸ	40		
液化土层厚度/m	<2.0	15	60～80	中等
	2.0～4.0	25		
	≥4.0	35		
非液化厚度/m	>5	10	<60	轻微
	5～1.5	20		
	<1.5	30		

例1：

某液化点地处Ⅷ度液化区，液化土层厚度3.5m，非液化盖层厚6m，液化判别属“容易”液化，场地为乙级，试计算液化指数。

地震烈度Ⅷ度，分值30；液化土层厚度3.5m，分值25；非液化盖层厚6m，分值10。合计30+25+10=65，属中等液化。

容易液化、中等强度，乙类建筑地基，建议全部处理液化砂层。

例2：

某场地地层岩性为中砂、粉砂，进行标准贯入试验后作出液化判别，见表6-8。

表6-8　　某场地地震液化判别成果表（烈度Ⅷ）

孔号	土名	点深/m	N_{cr}	N	液化	I_{LE}	液化度
QZK30	中砂	3.0	12.3	11	是	4.61	轻微
QZK30	中砂	5.0	15.6	13	是	4.61	轻微
QZK34	中砂	2.0	10.3	11	否	—	—
QZK34	中砂	3.5	13.3	14	否	—	—
QZK42	中砂	9.5	20.6	10	是	5.71	轻微
QZK57	中砂	1.8	9.8	9	是	1.39	轻微
QZK57	中砂	13.0	23.3	14	是	1.94	轻微

续表

孔号	土名	点深/m	N_{cr}	N	液化	I_{LE}	液化度
QZK59	中砂	9.5	20.6	13	是	3.19	轻微
QZK63	中砂	13.5	23.6	13	是	5.89	轻微
QZK38	粉砂	17.5	26.0	8	是	2.75	轻微
QZK38	粉砂	19.0	26.7	10	是	2.75	轻微

该例液化判别有两点值得讨论：

(1) 液化判别很明显注重于标贯锤击数（N）确定是否液化和计算液化指数，对标贯测试的缺陷没予考虑。

(2) 没有综合考虑非液化盖层厚度（d_s）。液化调查勘探、室内振动平台测试，液化土层是在盖层一定厚度范围内液化。盖层达到一定厚度（有效压力大于超孔隙水压力）不发生液化。据调查统计 GB 50011—2010《建筑抗震设计规范》(2016 年版) 给出了液化土特征深度：Ⅶ、Ⅷ和Ⅸ度烈度，粉土分别为 6m、7m 和 8m；砂土分别为 7m、8m 和 9m。大于这些特征值的液化至今还没有发生。

例 2 判别 QZK42 孔 9.5m 深，$N=10$、$N_{cr}=20.6$ 击为液化，但埋深远大于特征深度砂土 7m。QZK59 孔深 9.5m、QZK63 孔中砂埋深 13.5m、QZK38 孔粉砂埋深 17.5m、19.0m 都不宜判液化。

综合判别法对上例判别结果，见表 6-9。

表 6-9　　综合判别法

孔号	土名	时代	埋深/m	标贯	判别结果	初判/延判	液化指数 I_{LE}
QZK30	中砂	Q_4	3.0	11	容易	延判	中等
QZK30	中砂	Q_4	5.0	13	可能	延判	中等
QZK34	中砂	Q_4	2.0	11	容易	延判	中等
QZK34	中砂	Q_4	3.5	14	可能	延判	中等
QZK42	中砂	Q_4	9.5	10	否	初判	—
QZK57	中砂	Q_4	1.8	9	容易	延判	中等
QZK57	中砂	Q_4	13.0	14	否	初判	—
QZK59	中砂	Q_4	9.5	13	否	初判	—
QZK63	中砂	Q_4	13.5	13	否	初判	—
QZK38	粉砂	Q_4	17.5	8	否	延判	—
QZK38	粉砂	Q_4	19.0	10	否	延判	—

由标准贯入击数随深度变化基本显示出深度 3.5～5.0m 击数升高至 13～14 击，且 5.0m 以上判“容易”和“可能”，以下判不易液化。因此预判不易液化深度在 5.0m 之内，可以作为处理深度参考指标。不液化深度依据标贯击数判别见图 6-1。曲线图显示了标准贯入锤击数在同烈度、同场地，均一层厚中砂地层中随深度增加规律性较差。

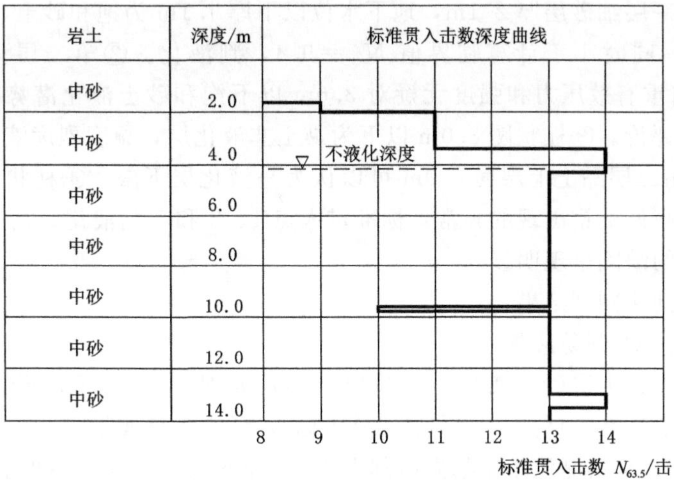

图 6-1 不液化深度判别图

例 3：

某场地地处地震烈度Ⅷ度区，地下水埋深 1.0m，设计分组一组，标准贯入基本值 $N_0=10$，求各标贯点临界标贯击数并判别是否液化，若判液化，提出液化指数。其他条件和判别见表 6-10。

表 6-10 例 3 场地基本条件和液化判别结果

柱状图	标准贯入点序号	标准贯入点深度/m	实测击数	临界击数	判别结果	液化指数
地下水位 粉细砂 2.1m	1	1.4	2	9.4	液化	14.8 中等液化
粉质黏土 3.6m	2	4.0	15	12	不液化	
Q_4 粉细砂 8.0m	3	5.0	8	13	液化	
	4	6.0	16	14	不液化	
	5	7.0	12	15	液化	
粉质黏土						

表中临界击数值 N_{cr} 按式（6-3）计算：

$$N_{cr}=N_0[0.9+0.1(d_s-d_w)] \tag{6-3}$$

式中 N_0——标准贯入基准值，击，取 10；

d_s——贯入点深度，m；

d_w——1.0m。

实测值 N_i，$N_i>N_{cr}$ 判不液化，否则液化。

本例场地在Ⅷ度区，地层为粉细砂为主砂黏互层。

讨论：①第一层细砂层厚 2.1m，地下水位以下厚 1.1m 为饱和砂土，标贯击数 2 击，小于基本值 N_0，同时小于计算临界值 $N_{cr}=9.4$，判液化。②第二层为非液化黏土厚 2.5m，该层的自重有效压力和强度无疑对 3.6m 以下饱和砂土液化潜势有遏制作用，但至今还未能定量评价。③柱状图 8.0m 以下为黏土非液化层，Ⅷ度烈度液化深度特征值也正好为 8.0m，第二层黏土上层面 8.0m 可以认为是液化层下限。④柱状图显示标准贯入锤击数随深度呈高低交错出现的异常，标准贯入点 1、3 和 5 判液化，2、4 判不液化。标准贯入判别液化的缺陷呈现明显。

液化综合判别法判别结果：

砂土生成时代 Q_4 判易液化。

非液化盖层厚：上层砂土盖层（水位以上砂层）厚 1.0m；下层砂土盖层厚 4.0m，都小于埋深特征值 9.0m（9.0m 为本书临界指标），延判为易液化。

标准贯入击数 N 实测值小于临界值判点 1、3 和 5 液化；大于临界值判点 2、4 不液化，液化深度难以确定。

以生成时代和非液化盖层厚度为主，以标准贯入击数为辅，终判砂土层为液化层，液化范围（深度）1.0～2.1m、3.6～8.0m，第一层饱和砂土首先液化，其下由于 2.5m 厚非液化黏土阻隔可能有第二次下层砂土液化。

液化指数计算结果：烈度Ⅷ度取分值 90；层厚＞4.0m 取分值 35；非液化深度＞5m 取分值 10；总值 $I_{LE}=75$，为中等强度（或上层判强、下层判中等）。

例 4：

工程为石津渠一支渠上一座交通桥，场区地震烈度Ⅶ度，现状地下水位 21.5m，地震设计一组，渠道挖深 2.0m，地层为 Q_4^{al} 粉土、中砂，判别深度取 15m。土层各项指标见表 6－11。

表 6－11　　场地土层主要特征指标及液化判别汇总表

孔号-点号	岩　性	试验标准贯入深度/m	代表土层厚度/m	工程运行时标准贯入深度/m	实测标准贯入击数/击	黏粒含量/%	备　注
		d_s'	d	d_s	N	ρ_c	
K1－1	砂壤土（粉土）	3.75	0.7	1.75	10	5.8	勘探时地下水位埋深 21.5m，工程运行时考虑地下水位埋深 0.5m（两岸）
K1－2	砂壤土（粉土）	4.75	1.4	2.75	13	5.8	
K1－3	砂壤土（粉土）	6.45	2.1	4.45	19	7.4	
K1－4	壤土（粉土）	8.35	1.8	6.35	18	12.4	
K1－5	粉砂	9.75	0.7	7.75	14	8.2	
K1－6	粉砂	10.65	1	8.65	23	5.1	
K1－7	粉砂	11.75	1.1	9.75	24	5.1	
K1－8	粉砂	12.75	1.1	10.75	26	9.8	
K1－9	中砂	13.85	1	11.85	26	3	
K1－10	细砂	14.85	0.8	12.85	30	3	

注　资料来源于河北省水利水电第二勘测设计研究院。

对此孔用不同规范分别进行判别见表6-12。判别条件，场地挖深2m，考虑渠道输水渗漏，地下水位埋深由21.5m抬升至埋深0.5m，判别深度取15m。

表6-12　　不同判别方法结果对比

孔号-点号	岩性	实测标准贯入击数 N'/击	水利规范				建筑规范		公路规范			
			修正系数	修正后标准贯入击数 N/击	临界标准贯入击数 N_{cr}/击	判别结果	临界标准贯入击数 N_{cr}/击	判别结果	修正系数 C_n	修正后标准贯入击数 N_1/击	临界标准贯入击数 N_{cr}/击	判别结果
K1-1	粉土	10	0.12	1.2	5.8	液化	5.1	不液化	1.21	12.1	7.7	不液化
K1-2	粉土	13	0.16	2.0	5.8	液化	5.7	不液化	1.08	14.0	7.8	不液化
K1-3	粉土	19	0.21	4.0	5.2	液化	5.8	不液化	0.93	17.7	7.2	不液化
K1-4	粉土	18	0.26	4.8	4.4	不液化	$\rho_c \geqslant 10\%$	不液化			$\rho_c \geqslant 10\%$	不液化
K1-5	粉砂	14	0.30	4.2	5.9	液化	10.9	不液化	0.76	10.6	6.8	不液化
K1-6	粉砂	23	0.32	7.3	7.9	液化	11.3	不液化	0.7	16.1	8.1	不液化
K1-7	粉砂	24	0.34	8.2	8.4	液化	11.7	不液化	0.67	16.1	8.0	不液化
K1-8	粉砂	26	0.36	9.4	6.4	不液化	12.1	不液化	0.63	16.4	6.0	不液化
K1-9	中砂	26	0.38	10.0	12.2	液化	12.5	不液化	0.58	15.1	8.9	不液化
K1-10	细砂	30	0.40	12.0	12.8	液化	12.8	不液化	0.55	16.5	8.7	不液化

对比判别结果，GB 50487—2008《水利水电工程地质勘察规范》（2022年版）与GB 50011—2010《建筑抗震设计规范》（2016年版）、JTG C20—2011《公路工程地质勘察规范》大相径庭。GB 50487—2008《水利水电工程地质勘察规范》（2022年版）判10个标贯点9个液化，其他两个规范判10个标贯点均不液化。

通过综合判别法判别，终判场地砂土层不液化。

理由：灌溉渠季节性输水历时相对较短，渗透抬高地下水位至0.5m埋深可能性极小，按现状场地土层情况判别，非饱和砂土不液化。

该例显示出：

(1) 水利、水电行业规范考虑了建筑物运行后地表水入渗有抬高地下水位可能，非饱和砂土层按饱和土层考虑。根据规范要求实测的非饱和砂土层的标准贯入击数要进行修正。表6-12显示因地下水位抬升后，实测标准贯入击数修正系数为0.12～0.4，大幅度降低了实测标准贯入击数，升高了砂土液化度。建筑规范、公路规范采用设计基准期内年平均最高水位，这个水位高于勘察期地下水位。建筑规范不对实测标准贯入击数修正，地下水位的抬升只是对计算液化标准贯入击数临界值产生影响，且影响很小。公路规范地下水位影响液化标准贯入击数临界值计算，也影响对实测标准贯入击数的修正。本场地公路规范修正系数为0.58～1.21，修正幅度小且浅层还向大的方向修正。

(2) 该场地埋深8.35m K1-4点壤土（粉土）层黏粒含量12.4%，代表土层厚度

1.8m，埋深大于Ⅶ度区粉土不液化临界深度6m，故该黏性土层上层面（埋深约7.5m）是砂土液化的下限深度。

（3）前文已提及从学习现行规范中得知判别深度15m、20m是根据深基础要求而定的，在地震液化历史上还没有发现深15m、20m液化先例。

（4）基坑挖深液化度增加，对一般建筑的风险主要来自基坑开挖至回填时段，短时间的施工期这种风险是有限的。对于渠道，挖深减载是长期的，需要考虑并重视。

第 7 章

液 化 地 基 处 理

建筑地基饱和砂土液化判别为“容易液化”时，应综合液化强度和建筑设防类别考虑处理措施。液化判别为“可能液化”时，根据建筑设防类别要求采取处理措施。判别应提出处理建议，抗液化处理建议应符合 GB 50011—2010《建筑抗震设计规范》（2016 年版）表 4.3.6（见表 6－1）。

地震液化危害主要是震陷，不同的震陷量有不一样的处理要求，见表 7－1。

表 7－1　　震陷量与抗液化处理措施标

震陷量 S_E/mm	抗 液 化 措 施	备　注
＜50	可不采取措施	同等震陷，乙类建筑应采取比丙类建筑更高的抗液化措施
50～150	优先考虑采取结构和基础的构造措施	
＞150	进行地基处理，基本消除震陷	

经液化判别，需要进行地基处理的技术措施常见的有以下两种。

7.1　桩　基　处　理

桩基处理以深入液化层厚度以下非液化层中一定深度的桩承担上部附加应力。桩端深入非液化层的深度（不包括桩尖部分）当为碎石、砾石、粗砂、坚硬黏土不应小于 0.5m。其他非岩石类土不应小于 1.5m。见图 7－1。

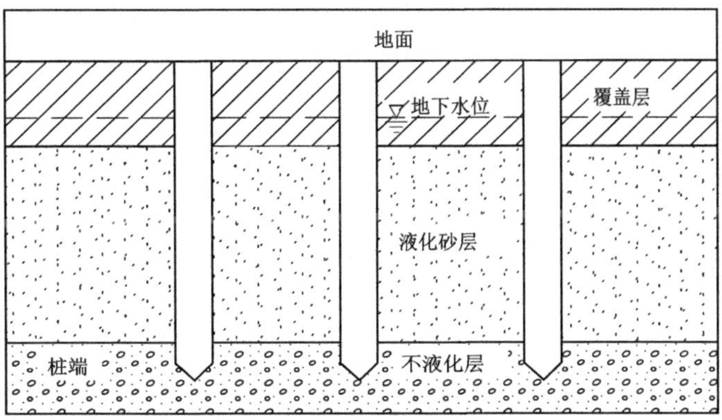

图 7－1　桩端穿过液化层

采用桩基础防止液化层危害是行之有效的，如 1975 年 2 月海城 7.2 级大地震，Ⅷ度烈度区的辽河化肥厂高 65.5m、直径 20.0m 的造粒塔，由于采用了 187 根混凝土桩，桩穿过液化层深入非液化层。地震发生时，塔周边多处液化喷砂冒水，而塔基塔体结构完好。又如 1964 年美国阿拉斯加州发生 9.2 级大地震，震后调查发现：

（1）桩端位于基岩中，桩身穿过液化层的无中等和严重破坏。

（2）桩端嵌入砾石和砾砂层的无严重破坏、中等破坏 8 座、轻微破坏 6 座，无震害 6 座。

（3）桩端嵌入中密～密实的砂土、粉土中（$N>20$），但桩身穿过松散～中密砂土、粉土层（$N<20$）的严重破坏 8 座。

（4）桩端嵌入中密～密实的砂土、粉土中（$20<N<40$）严重破坏 3 座。

（5）桩端嵌入松散～中密的砂土、粉土中（$N<20$）严重破坏 10 座、中等破坏 1 座、轻微破坏 2 座。

此调查结果不难看出：

（1）桩端嵌入基岩（硬质）最好。

（2）桩端嵌入砾石和砾砂较好。

（3）中密～密实（$N>20$）砂土、粉土为桩端持力层较松散中密（$N<20$）砂土、粉土有较明显抗液化优势。密实度高抗液化潜势大。

（4）松散～中密的砂土、粉土为桩端持力层破坏最严重。

用其他形式的桩加密液化土层，使之密度增加，消除或降低砂土液化度，对提高承载力降低沉陷量也有显著成效。如挤密碎石桩等。

增加地基易液化土层密实度的措施还有振冲加密、强夯加密等。不论是哪种处理措施都应处理至液化深度下限。对振冲和挤密碎石桩，GB 50011—2010 第 4.3.4 条规定要求桩间土的标准贯入击数不小于液化判别标准贯入临界值。对重要建筑地基最好进行试桩，修正桩距等指标。

当液化层埋藏较浅，且厚度薄时可以考虑深基础或换填处理，建基面深入到非液化层见图 7－2（a），或采取换土见图 7－2（b）。

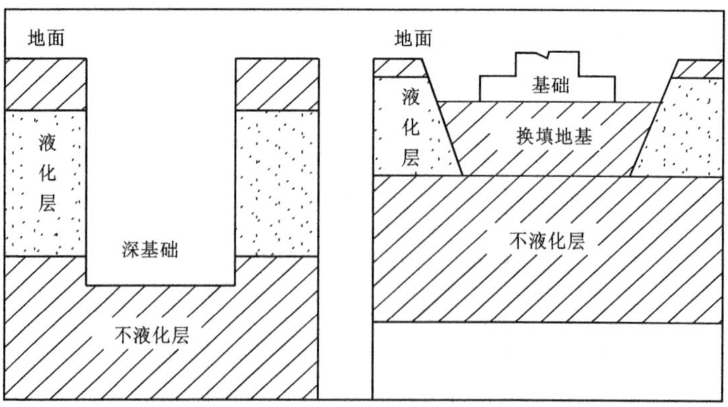

（a）深基础　　（b）换填处理

图 7－2　液化层处理图

7.2 压 重 处 理

压重处理多见于水电堤坝工程中坝前坝后坡脚加戗台，增加非液化盖层厚度，使上覆盖层压力大于液化层埋深临界值。如前面提到的河北省陡河水库左坝头，为防止砂性土液化，采用换部分液化土加戗台增设排水褥垫层的综合防止措施，就是以加盖增加上覆压力为主处理的。

7.3 选择有效的防液化基础形式

上面介绍了以桩基础防治液化是目前选用较多，效果显著的措施。还有一种基础对防治地震液化也有较好的效果，这就是筏形基础、箱形基础。见图 7 - 3。

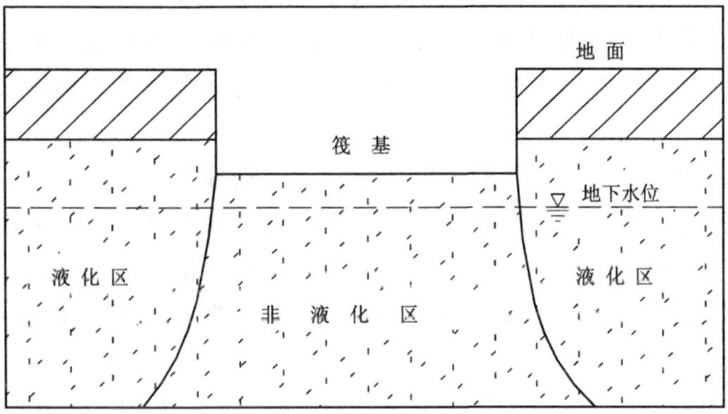

图 7 - 3 筏形、箱形基础地基液化范围示意图

筏形、箱形基础底面积大，当受到上部荷载后增加了有效应力，相当于增加了非液化盖层厚度。故在此基础底面以下一定范围内，土层在地震中保持不液化，不失承载力，保持一定的抗剪强度，使之不产生过大的沉降变形和侧向滑移鼓胀。基础底面面积越大，底面以下非液化区越大，稳定性越高。条形基础宽度小，底面以下非液化区小，失去侧向液化土层的支撑也就失去了稳定。

1975 年海城大地震，营口市地处Ⅶ度烈度区内的营口旅馆，周围发生喷水冒砂液化，而采取了筏形基础下的饱和砂土未液化，建筑物未受破坏，显示了筏形、箱形基础的抗液化优越性。

第8章

砂性土液化结语

（1）砂性土地震液化判别水平还较低，工程技术人员、专家、学者还任重道远。判别准确率较低的主要原因是受地震多项不确定因素影响，地震预报还在中长期水平，短期和临震预报这个世界性难题还没有重大突破。震中位置、震级大小、发震时间、历时长短、余震次数和强度等都不能准确预测；地震波的方向、强度随机变化；地下水升降幅度和位置也不能预知，这些还不能纳入液化判别范围。给出的地震动参数也还是地震预报中长期水平。

在地震液化判别中，地层岩性和埋藏条件、土的物理力学特性、颗粒组合、渗透强度等经勘察及现场和室内多项试验取得了丰硕成果，有力地支撑了砂土液化判别。尤其是土的某些制约液化的特性，如粉土黏粒含量、土的密实度、土的生成时代、土的埋深、土的饱和度、非液化盖层透水性、土的剪切波速值已成为判别不发生液化一项否决的重要项目。

总之，液化判别当前仅利用了部分项目，还有些项目无法纳入判别，判别成功率还亟待提高。

（2）砂土液化受地震诱发又受地震应力的大小和持续时间的控制。地震是砂土液化的主动条件，土的特征是内因、是液化的主体。受地震应力作用，土的固体颗粒和饱和的孔隙水压力之间的关系在不断变化，这个变化随地震应力的强弱和持续时间长短体现出了阶段性。

一过性突发单震，土的孔隙水压力刚开始升高，土粒受震动开始移动向一起靠拢，地震结束，孔压消散，土的密实有微小的增加。地震持续时间越长孔隙水压力增长越快，当达到全压大小时土粒悬浮于高压状态的水中，发生初始液化。液化范围仅在砂层间，人们看不到，所以称隐蔽液化。只有孔隙水压力升高超过非液化盖层有效应力和强度，即产生了超临界压力、使盖层发生鼓胀破裂变形。处于高压状态的液态砂水沿地裂缝喷出地表，表象液化发生，孔隙水压力释放。当余震发生达到一定强度还有再次液化发生的可能。有相对不透水的盖层，孔隙水压力才能升高，否则压力不能升高也不发生液化，非液化盖层的渗透性也是液化发生的影响因素之一。

（3）液化深度临界值。对汶川“5·12”地震的34个液化点调查勘探，全部有不液化临界深度。室内振动平台试验也证明了不液化深度。随深度增加，有效压力的抑制作用增大，液化也会在一定深度消失，这个深度称为不液化临界深度。不液化临界深度只有一个，但有两种表示方法：①非液化盖层厚度大，有效压力足以抵消超孔隙水压力，不发生液化；②地下水位深，水位以上即使是粉砂、细砂、粉土因处于非饱和状态具有传递上覆压力的性能，也就是非液化盖层。

临界深度是存在的，但与建筑基础埋深常常不能相适应。不液化临界深度是在场地由地表确定的，而有些基础开挖面积大、深度大，砂土层的上覆压力随挖深增大有效压力和侧压力减小了，不液化临界深度也减小了，液化度增加了。

由于高层、超高层建筑不断出现（如上海外滩地基挖深达 36m）要求液化判别深度不断增加，浅层判别已不能满足要求，15m、20m 深度的判别应需而生。深度 10m 土层液化的实例已难得所闻，深度 15m、20m 土层液化地震史上还未见有确切报道，无深部液化先例。

（4）砂土不液化临界值。不液化界限深度值，粉土黏粒百分含量、土的密实度、土的剪切波速值都有不液化临界值，即达到一定指标土的液化势便被全部抑制。这些指标可以在震后液化调查、勘探、测试统计得到，即是“临界值”（或称为基本值、特征值），取值时都是取不同地震烈度区液化的最高值。凡大于该值都没有发生过液化，这个值就是不液化临界值。大于该值判不液化。

（5）砂土的液化值。建筑等级高低对砂土地基液化有不同要求，等级高要求判别液化可靠度高，液化处理要求也高，或者说建筑物要求地基液化风险小，安全度高。根据建筑等级要求，本书提出了“液化值”的概念以适应不同类别建筑地基的需要。“液化值”是不液化临界值乘以抗震设防类别系数“α”。本书按建筑乙、丙、丁对应给出 0.85、0.75、0.65。设某临界不液化值为 X_{cr}，液化值（Yhz）由 $Yhz=\alpha X_{cr}$求得。

在延判中，有一项实测值小于 Yhz 值判“容易液化”，7 项全部大于 Yhz 值判“可能液化”。

（6）地震液化造成的地基隐患具有长期性和不容忽视的危害性。滹沱河北大堤地基在邢台地震 20 多年后形成垂直砂带和液化层顶部水平空腔，在地表积水后，砂带渗水冲走了砂土，形成地裂缝，水平空腔塌陷成坑，不但威胁堤防安全，还会造成建筑物损坏。河北省无极县西留村雨后裂沟和地面塌陷，510 间民房不同程度受损，在地震液化灾害中是极为罕见的。

为解决堤基地震液化留下的隐患，河北省水利水电石家庄勘测设计院以“循环劈裂式充填灌浆”技术成功消除了隐患。

（7）液化地基处理。地基液化层的处理，应从地基、建筑物上部结构、基础型式三个方面综合考虑，以求技术先进、经济、合理、安全可靠。液化砂土层也不是不可为地基持力层。海城地震营口宾馆采用筏形基础，保证地基下饱和砂土不发生液化，沉降变形指标和抗剪强度指标仍在设计范围之内，宾馆没有受到影响。采用筏形箱形基础关键是确定基础有合理的宽度。

（8）古地震遗迹丰富了砂土液化的内容，分出隐蔽液化和表象液化，延续了地震液化发生历史。

（9）震后液化调查布置勘察、现场测试宜以液化点场地为主，非液化场地不宜多投入勘察测试工作量。选择有代表性液化点，布置由近及远勘探线，可以了解更多的液化内容。

（10）严格来说，发生喷砂冒水后的液化砂层是重新沉积层，不但其结构、颗粒含量百分比、密实度等都改变了，生成时代也变为震后时代，因此采用震后数年、数十年、数百年、数千年进行回判都是不妥当的，回判结果不能证明震前条件发生的液化结果。

（11）饱和与非饱和同层砂土标贯击数的变化和确定方法本书进行了初步探讨，见附录 3。

（12）砂土地震液化机理解释从不同的视角分析有多种，本书从地震中势能动能的转化解释了砂土液化机理，见附录 4。

（13）地震液化的动力是地震波，而地震波不只是剪切波（剪切波仅传播地震总能量的 30％左右），形成土层液化的也不仅是剪切波。传播地震总能量 60％左右的面波也是土层液化的动能。而当今的地震理念只考虑剪切波，室内动力试验也只按剪切波的振幅、振次、频率进行模拟试验。对面波的方向、强弱、振幅、频率的随机性还无法把握，因此理论、试验都无法定量，这是研究土的液化中的短板，也是影响判别准确性的重要因素。

第二篇

砾性土液化

第9章

砾性土液化综述

2008年5月12日，我国四川省汶川县发生了8.0级大地震。震后调查发现了多处砂卵砾石层液化，曹振中等称砂卵砾石层为“砾性土”。汶川地震液化喷出物有粉砂、细砂、中砂、粗砂、砾石、卵石、泥土等，种类繁多，粒径大小悬殊，描述复杂，故用一种名称概括其特征叙述最为方便，又据《地球科学大辞典》土的分类标准给出的砾砂、砾质土、粉砾土、砾类土、粗粒土的具体解释，二者结合提出“砾性土”新名称。

所谓砾性土是对应黏性土、砂性土的一种涵盖砾、卵、粗砂、中砂、细砂、粉砂混合而成的宽级配土的统称。为叙述方便本书也采用这一称谓。

自然界的砾性土含砾、含砂比例多种多样，结构也不尽相同，即使地震强度、埋藏条件相当，液化的发生发展也各有特点。用传统的理念、固定的模式判别不尽客观合理。

本书对砾性土进一步进行了细化分类，分为4个亚类：砂土类、类砂土、过渡型砾性土、骨架型砾性土（详见10.3节），分析不同类别土的液化机理，提出了判别液化的方法，进行了工程地质评价。

本书引用资料主要源于曹振中、袁晓铭等汶川地震液化调查成果，再次感谢他们的辛勤而卓有成效的调查，丰硕的成果和卓识把我们引领到了砾性土地震液化思考探索的新领域。

砾石层液化过去偶有报道，室内试验已经验证水下砾石有震动液化现象。历次地震可见砾性土液化记录统计见表9-1。

表9-1　　历次地震砾性土液化记录统计

序号	场地及地震名称	当地地震强度	砾质土特性	来　源
1	辽宁营口石门水库土坝，海城地震（1975）	Ⅶ度（坝体上较7度为大）	砂砾料坝体浅层滑动（坝料未专门碾压，松散）	汪闻韶（1997）
2	北京密云水库白河主坝砂砾壳，唐山地震（1976）	Ⅵ度（0.05g）持续时间140s	中密	徐金城（1980）
3	Alasks地震（美国，1964）		冲积扇，松而浅处砾质土液化	Coulter等（1996）
4	Pence Ranch 地区 Whidkey Springs Road Slope Borah Prak 地震（美国，1983）		冲积阶地，有渗透性低的覆盖层，土质松，路坡约5°，坡脚喷冒	Stokoe等（1988） AnDrus等（1991） Harder（1994）

序号	场地及地震名称	当地地震强度	砾质土特性	来　源
5	Friuli 地区 Avasinis 村，意大利北东部地震（1976）	地面加速度 0.2g	Leale 河冲积扇前缘砂土液化，中部砾石液化。在 1976 年 5—9 月的 3 次地震中重复液化 V_s＝140～120m/s	—
6	日本福井地震（1948）		冲积扇，土质中密至密实，普遍喷砂冒水，引起破坏	Ishihara（1984） Hamad 等（1992）
7	日本 Hakkaido－Nansei－oki 地震（1993，7MT，Komagatake 地区）		崩落土，D_r＝100%～30%，$D10$＝0.4mm，$D50$ ＝ 30mm，$D100$ ＝ 150mm，砾粒占 80%以上，上覆土层为火山灰。 液化及震陷波及 44 座房屋	TakajiKokusho 等（1995）

注　资料来源于刘惠珊《1995 年阪神大地震的液化特点》（《工程抗震》，2001 年第一期）。

第 10 章

汶川“5·12”地震砾性土液化的背景

2008 年 5 月 12 日汶川 8 级大地震发生了较大面积砾性土液化不是偶然的，是具备了地形地貌、地震地质、地层岩性、水文地质等条件的组合才发生的。

10.1 地形地貌特征

汶川县位于四川省西部，地处四川盆地西部边缘。四川盆地是我国最大盆地之一，盆地北部是秦岭南麓北西西走向的米仓山、大巴山，东南为北北东走向的大娄山，两山脉之间是长江进巫峡出川入鄂之地。盆地南部是峨眉山，西南有横断山脉与西部的龙门山相接，整个盆地山山相连大致呈平行四边形。

盆地内除西部的龙泉山和东部的华蓥山外是大面积丘陵地，平原仅在川西的德阳、成都、雅安，南北呈长条状分布于龙泉山和龙门山之间，面积约 1.88 万 km^2。汶川地震的震中位于成都平原西部边缘山区汶川县映秀镇，距成都市约 50km。龙门山南北～北北东走向，南接云南西康横断山，北连贺兰山绵延约 500km。龙门山脉海拔在 2000m 以上，向西是青藏高原，海拔 4000m 以上。龙门山中段东部是成都平原，海拔 600m 左右，龙门山正处在由西向东由高原向平原过渡的中等高度山区地带，是我国西高东低过渡的第一台阶。按地震发生一般规律，这里正是地形地貌突变的容易发震地带。

汶川大地震大面积液化区集中在成都市西部都江堰市、郫都区、彭州市，德阳市的什邡市、绵竹市，绵阳市的新桥镇、魏城区等。三地比较，以德阳市液化为最，成都市次之，绵阳市较轻。究其原因，三区地震烈度相当，但成都市和德阳市地处山前平原液化严重，而绵阳市则在丘陵区，液化点（以村为单位）仅发生在河流的漫滩和一级阶地或古河道。平原西部是中山区，山高谷深，基岩裸露更少，有液化的条件。由西向东地震烈度由Ⅺ度渐变为Ⅹ、Ⅸ、Ⅷ、Ⅶ、Ⅵ度。距震中映秀镇约 50km 的成都市已在Ⅵ度烈度区。液化主要发生在Ⅶ～Ⅺ度区。

中华人民共和国成立至今，我国发生过 8 级以上大地震 7 次，20 世纪 70 年代发生 7～8 级地震 11 次，有 3 次发生在平原，即 1966 年邢台 7.2 级、1975 年海城 7.3 级、1976 年唐山 7.8 级，也只有这 3 次发生在平原的大地震液化灾害严重。1999 年台湾南投县集集镇车笼埔断裂带发生 7.6 级大地震，南投县东为山区，西部为平原，震中位于山区与平原过渡带，地形地貌与汶川多有相似，地震中也发现有砾性土液化。其他数次地震基本都发生在山区，少有液化发生。

由以上分析不难得出：深山区液化少见，丘陵区较少，平原区严重。液化灾害防范重点在平原，尤其河流漫滩、一级阶地、海滨、湖滨、洼地、古河道是防范的重中之重，填海造陆的砾性土也是地震液化多发区。

10.2 地震地质特征

汶川8级地震的震中在汶川县映秀镇，地处龙门山断裂带中部地段。龙门山断裂带总体走向为北北东，倾向西，由一组逆冲断裂组成，绵延约500km，向北东经北川、青川进入陕甘，向南西经芦山与鲜水河断裂交汇。该断裂东西宽50km以上，主要由3条断裂组成：中间一条称为中央北川-映秀断裂；东部一条称为山前安县-灌县断裂；西部一条称为山后茂汶-映秀断裂。

龙门山断裂的生成是印度洋板块与亚欧板块长期相互挤压的产物。印度洋板块俯冲于亚欧板块底部形成消亡接触带，大量物质涌入不仅使喜马拉雅山不断抬高、褶曲，而物质向东分流入四川盆地受到太平洋板块强力作用下，坚硬的四川盆地底部基岩的抵触，形成了逆冲型龙门山断裂带。印度板块向北部的亚欧板块不断挤压，太平洋板块由东向西偏北挤压，使龙门山断裂带处于长期受力、长期活动状态。1610—1900年300年间有两次强震记载，是相对稳定期。1900—2000年100年间有5级以上14次地震记载。2008年汶川地震后九寨沟、芦山相继发生7级以上地震，这表明1900年以来龙门山断裂带进入了新的活动期。活动断裂往往是地震的频发带。

以龙门山断裂为界地势西高东低，地壳厚度西部高原有60～70km，东部则在50km以下。断裂带西部、东部的地应力、地电、地磁的差异也很明显。龙门山断裂带还有可能发生较大地震。

汶川地震液化点（带）的分布明显受到地震烈度的控制，烈度高液化点多且强度高。Ⅵ度烈度区在平原面积近2万km^2，液化点只有永川村、红树村、泰山村、清江村、新联村、莱地村、龙泉村、五星村、富林村等十几处。这些液化点还可能在Ⅵ度烈度区中的Ⅶ度烈度局部范围内（如板桥中心学校所在地，原属Ⅶ度烈度区，震后调查认为达Ⅷ度烈度）。汶川地震液化集中在Ⅶ～Ⅸ度烈度区，据曹振中、袁晓铭团队资料显示115个液化点中Ⅶ度烈度区有49处，Ⅷ度烈度区49处，Ⅸ度以上烈度区7处。以烈度区单位面积液化点数比较，Ⅷ～Ⅸ度烈度最高。从喷出物中含砾的液化点看也主要在Ⅷ～Ⅸ度烈度区，显示出地震强度对液化的发生有明显的控制作用。

盘点液化点的地理位置以德阳市最多，成都市次之，绵阳市最少。三市排列方向为北东，与龙门山发震断裂走向一致，也与烈度等震线长轴方向一致，进一步说明地震液化受活动断裂的控制。曾有人统计，60%以上的液化点发生在不同序次的断裂带上。

10.3 地层岩性与埋藏特征及分类

成都平原的沉积物来源于西部山区，主要由岷江、沱江及众多支流由西部山区携带而来。山高坡陡水流急，携带物以卵石砾石为主。冲出山口水流变缓卵砾首先沉积，洪水过后水流变缓，细粒的砂土才慢慢沉积下来。龙门山区降水充沛多洪水，故沉积物以砾为主，砂土被冲至更远的下游才慢慢沉积充填于砾卵石孔隙之中。偶遇贫水年水流多平缓才有少量砂土沉积形成砾土间夹层。成都平原南北狭长，西北高东南低，岷江出山口向东，沿西部山前转向南流入长江，平原主体在岷江左岸，由一、二、三级阶地组成广阔平原区。北部的平原是由沱江及多条支流冲积洪积而成。平原整体地势平坦，高差小于 20m。

追溯成都平原形成历史，早在震旦纪就已经形成了稳定拗陷。晚三叠纪发展成内陆湖盆，中生代沉积了厚度达 3000～4000m 紫色砂页岩称为红色盆地。中生代四周褶皱隆起中间下降，盆地轮廓更加完整，为新生代的巨厚沉积创造了有利条件，之后才有了成都平原 8 个冲积扇相互叠加连缀复合成平原，因成都市居中故称成都平原。

成都平原的沉积物以砾性土为主，厚度由数米至数百米。在一、二级阶地及广阔的三级阶地覆盖着薄层黏性土。农田、村落也不乏人工填土，厚度多为 1～2m。

成都平原地形平坦，但第四纪沉积厚度相差可达数百米。如郫县西部、清水河、青白江附近厚度可达 300m 以上。见图 10－1 第四系等厚线图及图 10－2、图 10－3 地质剖面图。

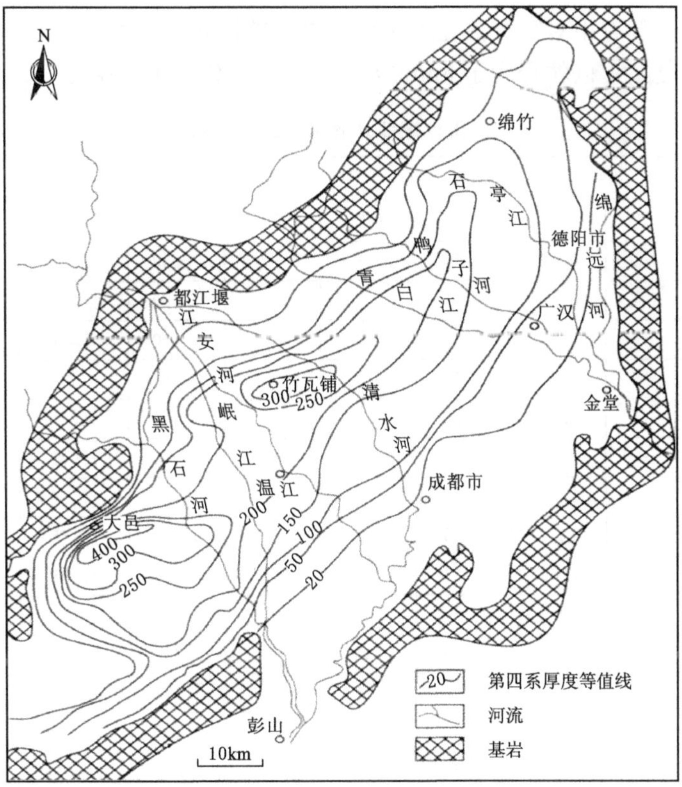

图 10－1　成都平原第四系厚度等值线及水系图

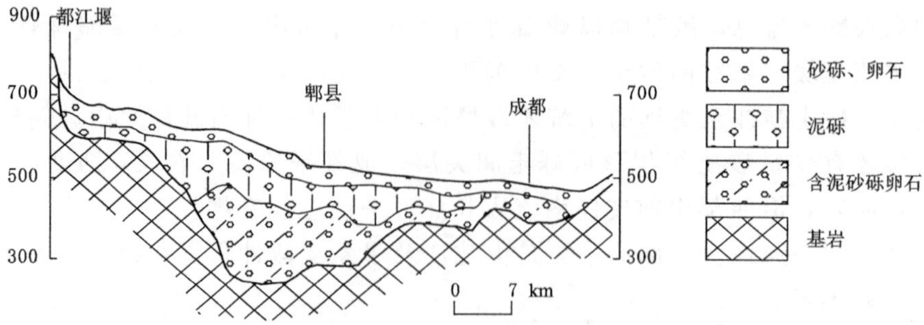

图 10-2 成都平原都江堰—成都地层剖面图

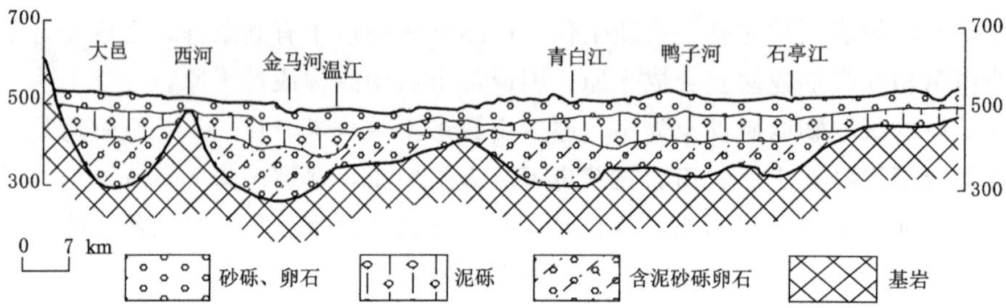

图 10-3 成都平原大邑—温县—石亭江地层剖面图（单位：m）

汶川地震液化调查中对部分液化点液化土层取样颗分（见表 10-1、图 10-4），显示砾性土颗粒组成复杂，以粒径大于 5mm 为砾划分，可分为 4 个亚类。

表 10-1　　汶川地震部分液化点土颗分表

序号	不同含量粒径 (*D*)/mm							不均匀系数 C_u	曲率系数 C_L	均匀性
	100%	80%	60%	50%	30%	20%	10%			
1	5	—	0.16	0.15	—	—	0.053	3.0	0.42	否
2	5	—	0.35	0.32	—	—	0.090	3.9	1.03	否
3	5	—	0.60	0.50	—	—	0.120	5.08	1.31	良
4	60	—	1.50	0.51	—	—	0.034	4.43	1.25	否
5	40	—	0.90	0.70	—	—	0.054	16.15	0.71	良
6	60	—	4.00	0.98	—	—	0.070	18.89	0.94	良
7	60	—	4.30	1.54	—	—	0.090	47.90	0.50	良
8	60	—	12.0	1.75	—	—	0.250	47.75	0.26	良
9	60	—	12.1	6.15	—	—	0.280	41.38	0.58	良
10	80	—	20.0	11.51	—	—	0.131	158.46	0.24	良
11	80	—	12.8	6.10	—	—	0.220	90.43	1.83	良
12	80	—	23.0	22.0	—	—	0.190	119.67	0.56	良
13	85	—	32.0	30.57	—	—	0.430	73.10	3.99	良
14	87	—	32.0	31.50	—	—	0.280	114.41	10.00	良
15	86	—	33.0	32.40	—	—	0.140	238.42	0.51	良

注　表中 $D=50\%$、C_u、C_L 数据来源于曹振中、袁晓铭等调查成果。其余由袁晓铭给出颗分曲线查取。

(1) 砂土类：最大粒径小于 5mm，平均粒径不大于 0.5mm，见图 10-4 中①～③曲线。

(2) 类砂土：含砾量 35%左右，以砂土包裹砾卵石，见图 10-4 中④～⑧曲线。

(3) 过渡型砾性土：砾砂含量为 40%～65%，见图 10-4⑨～⑫曲线。

(4) 骨架型砾性土：砾卵石含量不小于 65%，平均粒径 20mm 左右，砂土填充骨架间。见图 10-4⑬～⑮曲线。

砾性土的不同类型液化机理和判别的差别将在后面分析。

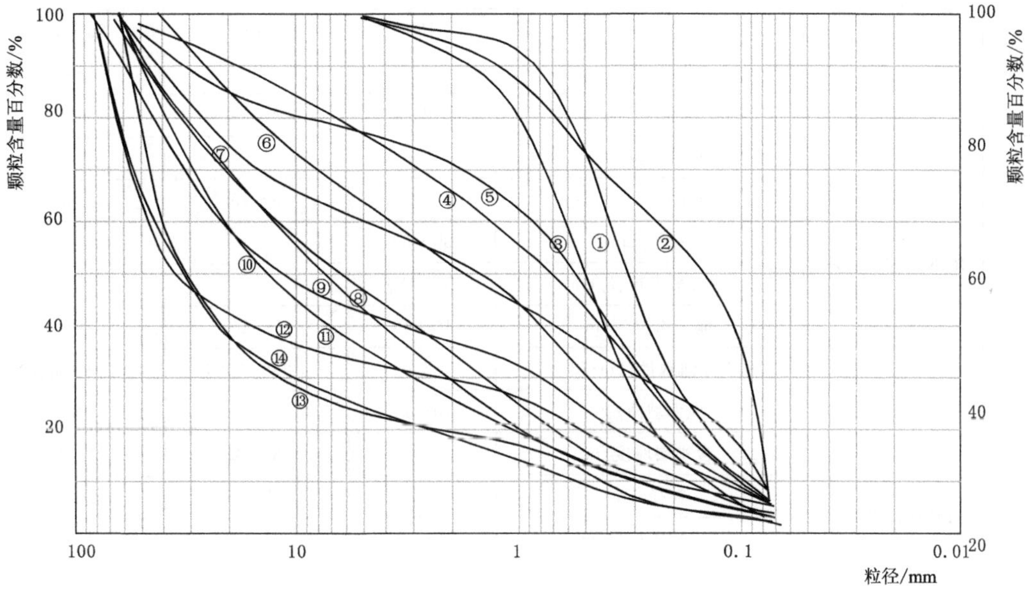

图 10-4 2008 年汶川大地震部分液化土层颗分曲线图

10.4 水文地质特征

汶川“5·12”大地震液化区地处暖湿亚热带东南季风气候区，四季分明降水充沛。成都平原年均降雨量 1000mm 左右，西部龙门山区年均降水达 1500mm 左右，在同纬度地带降水量明显偏高，独特的地理位置和地形是雨量丰沛的主要原因。

太平洋暖湿气流沿长江西上，进入成都平原西部龙门山山区与西部寒冷气团相遇易发生降雨。印度洋暖湿气流沿横断山谷北上，在龙门山北部受秦岭余脉阻挡，冷暖气团相遇也易形成降雨。两大因素使龙门山区雨量丰沛，为江河径流提供了大量水源，如长江上游较大支流岷江多年平均径流量 16.7m^3/s，年径流多达 145 亿 m^3（都江堰测站）。

成都平原沉积厚层—巨厚层砾性土，较大的孔隙度为储存地下水提供了广阔的空间，使其具有“地下水库”美称。

龙门山东部平原和丘陵区地下水为孔隙水，部分稍具承压性。盖层厚 2～4m，洪积扇中缘和前缘少有埋深大于 5m。盖层岩性有粉质黏土、人工填土，渗透性低。为数不多液化点分布在河床和漫滩，其盖层以卵砾为主，透水性强。

地下水埋深浅，盖层多数透水弱，含水层为砾和砂不同含量百分比多种组合成宽级配土，是地震液化主要土层。成都平原水文地质基本情况见表10-2，水系见图10-1。

表10-2　成都平原水文地质概况表（刘云从）

水系	扇　名	水文地质要素	扇顶部	扇中部	扇前部
岷江	岷江冲洪积扇	地面坡降/%	5.8	4	<4‰
		含水层厚度/m	15～22	13～28	22～27
		粒径/cm	40～50	10～20	5～10
		一般最大粒径/cm	100	40	25～30
		地下水位深/m	5～10	3～5	1～3
		单井涌水量/(m^3/d)	>2400	1200～2400	4000
沱江	绵远河冲洪积扇	地面坡降/%			
		含水层厚度/m	17	9～15	4～8.3
		粒径/cm	30～60		
		一般最大粒径/cm	70～150		
		地下水位深/m	10～15	5～10	<5
		单井涌水量/(m^3/d)	>2400	1200～2400	>100（泉溢）
	石亭江冲洪积扇	地面坡降/%	10～11	6～8	5
		含水层厚度/m	2～6	8～12	3～9
		粒径/cm	20～30	10～25	2～6
		一般最大粒径/cm	60～120	40～50	10～20
		地下水位深/m	>10	4～6	1～3
		单井涌水量/(m^3/d)	<120	120～180	240
	前江冲洪积扇	地面坡降/%			
		含水层厚度/m	10～20	<10	9～27
		粒径/cm		5～10	3～15
		一般最大粒径/cm		25	20
		地下水位深/m	>10	>5	1～3
		单井涌水量/(m^3/d)	120～480	10～50（泉溢）	

地震液化区水文地质条件有地下水埋深浅、盖层薄且透水性弱，都有利于液化发生。

通过以上对汶川“5·12”地震液化背景分析，已说明影响砾性土液化的仍然是：地震强度、液化土层特征、液化层埋深（非液化盖层厚度）、地下水位埋深、非液化盖层透水性等，与砂土液化影响因素基本一致。

第 11 章

砾性土液化的研究

砾性土液化在地震报道中很少见到。曹振中、袁晓铭等收集到的世界范围内的砾性土液化实例也只有十几次，其中海城、唐山大地震诱发的石门水库土坝和密云水库白河主坝护坡滑坡还不一定是反滤砾料液化引起的。白河坝护坡块石、水泥砂浆勾缝，石门土坝坝前冰冻使坝体内水不能排出，内水压力升高和地震水平应力叠加也有滑坡形成的可能。唐山大地震砾性土液化的现象是汪闻韶在滦县北关滦河之畔发现的，由此而引起他的重视，曾采集岳城水库等砾料进行过试验研究。1964 年美国阿拉斯加州、1976 年意大利 Friuli 地区、1983 年美国 Pence Ranch 地区、1993 年日本 Komagatake 地区、1995 年日本神户港、1999 年中国台湾雾峰地区也有过砾性土液化的文献记载，但未引起重视。

汶川大地震液化的喷出物中发现卵砾石，粒径竟有 15cm 以上。经勘察确认砾性土液化了。以喷出物判别液化层岩性是惯用的方法，也是科学且行之有效的。砾性土液化不同于砂土，砂土粒径小且近于等粒结构，在地震动作用下孔隙水压力在盖层和底层封闭的有限空间增长致使少量的砂粒产生位移，初始液化发生了。当地震强度足够强、延续时间也长，孔隙水压力持续增长，可以使盖层破裂，打破封闭环境，液化物沿裂缝喷射而出，砂土表象液化发生了。

砾性土液化虽与砂土液化机理相同，但液化形式有别。砾性土初始液化阶段也有砂粒在孔隙间移动，而砾卵石因重量较大在封闭的环境中即使具备了更高的孔隙水压力也不会悬浮在水中，只有孔隙水压力不断增高致使盖层破裂，才有孔隙水沿地裂缝携带砂粒、砾粒、卵石冲出地表，砾性土表象液化发生。

汶川大地震液化收集到液化点有 200 多个，曹振中、袁晓铭等记载的也有 115 个，其中喷出物中见卵砾石的只有 12 处，分别是永寿村、安仁村、祥柳村、永丰村、思源村、长玉村、新新村、金桥村、白霓头村、镇江村、松柏村、民主村等，12 处喷出物中都是以砂占多数。据曹振中、袁晓铭团队统计汶川地震液化喷出物粉砂-细砂占 60%，中砂占 21%，粗砂占 4%。卵砾石仅占 15%。喷出物仍是以粉细砂、中砂为主，而卵砾并不是液化的主体。

砾性土液化的研究是汶川大地震后才引起工程界重视，进入了液化勘察、试验判别的新阶段。

美国杨百翰大学内政部垦务局与中方曹振中、袁晓铭团队合作分别在美国和中国选取场地进行动力触探和有效锤击能量的联合测试与标定。联合测试的目标是以汶川地震砾性土液化场地超重型动力触探试验为基础，获取有效锤击能量比数据，建立动探击数修正系数。经过不懈的努力，他们提出了超重型动探锤击数判别砾性土液化式。

11.1 超重型动力触探锤击数判别砾性土液化计算式

$$N_{cr\text{-}120}=N_{0\text{-}120}[1-0.05(d_w-2)+0.05(d_s-3)][1+0.5(G_c-50\%)] \quad (11-1)$$

或
$$N_{cr\text{-}120}=N_{0\text{-}120}[0.95+0.05(d_s-d_w)][1+0.5(G_c-50\%)] \quad (11-2)$$

式中 $N_{cr\text{-}120}$——临界动探击数，当实测击数大于临界击数判不液化，小于临界击数判液化；

d_s、d_w——土层埋深或非液化盖层厚度和地下水位埋深；

G_c——砾百分含量，%（取粒径大于5mm的砾卵）；

-0.05、0.05——地下水位埋深和土层埋深影响系数，经优化计算取得。

其中 $N_{0\text{-}120}$ 为动探基准值，该值是将实测值按土层埋深 $d_s=3$m，地下水埋深 $d_w=2$m，土层压力为47kPa进行归一化修正计算求得：

$$N'_{120}=N_{120}(47/\sigma'_v)^{0.5} \quad (11-3)$$

式中 N'_{120}——修正锤击数；

N_{120}——实测锤击数；

σ'_v——上覆压力。

在取得修正动探击数后，将修正后的指标点在烈度和修正动探值坐标中，见图11-1。由图11-1得到不同烈度动探击数标准值见表11-1。

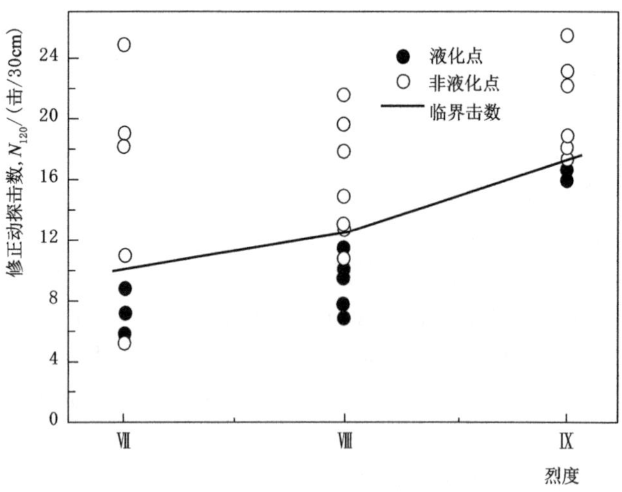

图11-1 修正动探击数与烈度关系图

表 11-1　　动探基准值表（N_{0-120}）（曹振中等）

烈　度	Ⅶ	Ⅷ	Ⅸ
基准值 N_{0-120}	9	12	16

不难看出曹振中、袁晓铭等建立的以动探击数判别砾性土液化的基本思路来源于西特模式，沿用了砂性土液化的标准贯入击数（N）判别法。

从表 11-1 中可以看出，动探基准值就是采用了图 11-1 中的临界值，这个值是相应烈度区液化层的动探最高值，即小于该值都发生了液化。

11.2　超重动探和标准贯入试验的对比

（1）对比动探和标贯二者的探头结构，完全不同，见图 11-2。此外二者在探头重量、尺寸、打击锤重、落距、杆径、适用土层等都不同。

（2）探头工作机理和状态不同。标贯器在锤击能量作用下，取出可以鉴定，贯入切割对贯入器以外的土体结构影响很小。标贯在工程勘察中适用广泛，在确定土层密实程度、抗剪强度指标、地基承载力、土的变形模量、估算单桩承载力等多方面起到了不可替代的作用，但在判别液化中却存在一些缺陷（在砂土篇已有详细叙述），主要是标准贯入试验受岩性、地下水、设备、人员等多种因素的影响，有时测试结果不能反映土层真实情况。

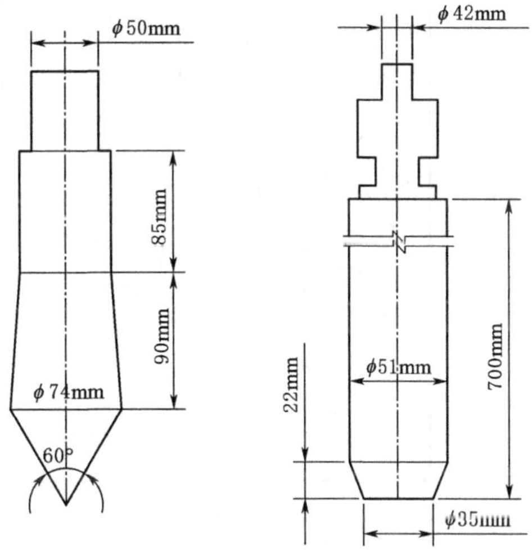

（a）动力触探探头（实心）　（b）标准贯入器（空心）

图 11-2　动探、标贯探头对比图

在砾性土液化判别中由于砾卵石的含量和粒径影响，标贯测试不能进行，故此采用了动探（N_{120}）效仿标贯模式建立了判别液化的计算式，在生产实践中也暴露不少问题，究其原因有两个方面。

首先，动探实心探头在动力作用下是击进和挤进并存的方式进入土层；其次，土层中因含砾量多少不同、砾的粒径大小不同、砾的强度不同，使锤击数随深度增加呈犬牙交错状大起大落。汶川液化点和非液化点勘察资料显示，砾性土最高锤击数达 63 击（非液化点，海关招待所），非液化场点 31 个中有 9 个场点 32 段（每段 10cm，深度 8m 内）锤击数 $N_{120}\geqslant 20$ 击。液化场点 35 个有 3 个场点 9 段 $N_{120}\geqslant 20$ 击，最高锤击数 37 击。锤击数低的砾性土仅 1 击的也有多孔多段，锤击数大起大落特点明显。动探锥头工况大致有以下几种（见图 11-3）。

1）砂土、砾砂土层工况。砂土、砾石粒径小，锥头阻力小，以向下击进为主，侧向

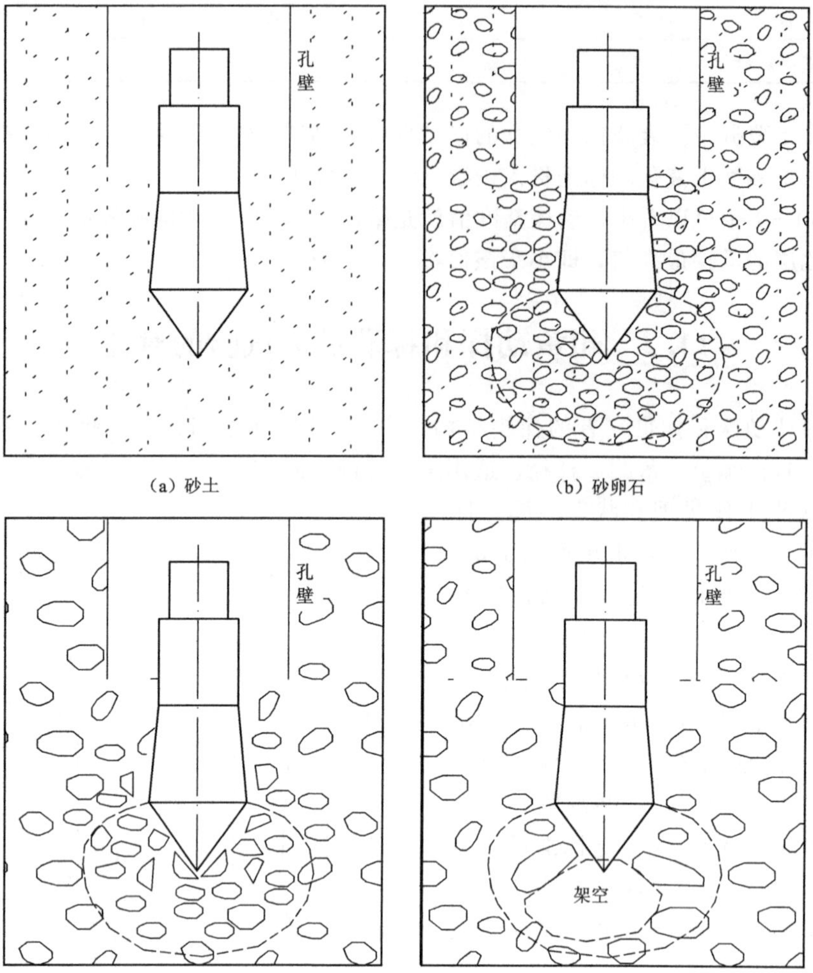

(a) 砂土　(b) 砂卵石　(c) 击碎挤进　(d) 架空结构

图 11-3　动探锥头工况

挤进为辅。锤击数低，多不超过 4 击。对锥头水平向和垂直向土层结构影响范围小，挤密作用不大，对土的密度影响不大，见图 11-3 (a)。

2) 含砂砾卵石土层工况。以砾为主，填充砂。锥头在冲击作用下向下，有击碎卵石击进，又有将卵砾侧向挤入孔壁后才能向下击进。此类土层中卵石粒径多小于锥头直径 74mm。锤击数较高多为 6～15 击。击进中锥头在水平和垂直方向对土层的结构和密实度有较小范围的影响，见图 11-3 (b)。

3) 以击碎和挤进并存工况。土层含砾量高，含有粒径大于孔径的卵石，卵砾空隙间填充砂土。锥头向下冲击到大于孔径的卵石，必须击碎卵石并将其挤压到孔壁内才能击进。当卵石新鲜坚硬时，锤击数可达 30～40 击或更高。前面提到的大于 20 击的 12 个场点就属此类。

此类动探影响范围大，对周围土的结构破坏严重，同时也改变了一定范围内土的密实度。

粒径大的卵石在锥头下遇到软弱地层，向下击进的不只是锥头而主要是大粒径卵石，锤击数反映的要比软弱地层高得多，容易造成误判，有丢掉软弱地层的可能，见图 11-3（c）。

4）架空结构动探击数异常低工况

汶川“5·12”地震液化和非液化场点勘探和现场测试发现有些孔段砾性土 N_{120} 击数仅1～2 击，与细砂层相当。击数低的地层为卵砾石架空结构地层，大粒径卵石架空充填少量砂土，贯入击数突然异常偏低。如：①非液化场点，同林村深 5.5～7.1m，击数 1～2 击；②液化场点，泉水村深 1.0～2.7m，击数 0.5～2 击；松柏村深 0.8～8.5m，击数 1～4 击；兴隆村深 4.0～6.2m，击数 1～4 击；金桥村深 2.4～6.3m，击数不大于 3 击。见图 11-3（d）。

以超重型动力触探判别砾性土液化犹如室内击实试验破坏土的结构、改变土的密度。大起大落的击数都影响到判别成果。标准贯入试验与超重型动力触探试验的工作原理有本质差别，后者效仿其模式也不尽合理。贯入曲线大起大落对判别影响较大。

11.3 地震剪切波判别砾性土液化

曹振中、袁晓铭团队借鉴我国抗震规范砂土液化判别式建立的基本思路，结合汶川地震调查进行的液化和非液化场地地震剪切波现场测试提出了砾性土的液化判别式。

$$V_{s\text{-}cr}=V_{s\text{-}0}[1+\alpha'_w(d_w-2)+\alpha'_s(d_s-3)][1+0.5(G_c-50\%)] \tag{11-4}$$

式中 $V_{s\text{-}cr}$——临界剪切波速，m/s；

$V_{s\text{-}0}$——剪切波速基准值，m/s；

d_s——砾性土埋深，m；

d_w——地下水埋深，m；

α'_w——地下水位影响系数；

α'_s——埋深影响系数；

G_c——含砾量（粒径＞5mm 的颗粒质量百分含量），%。

当实测剪切波速值 $V_s<V_{s\text{-}cr}$ 判液化，否则判不液化。

判别式中基准值 $V_{s\text{-}0}$ 的确定：为建立汶川土的液化剪切波速与烈度关系，采用将实测值修正到砾性土埋深 3m、地下水位 2m、上覆土有效压力约 47kPa 的计算式：

$$V'_s=V_s\ (47/\sigma'_v)^{0.25} \tag{11-5}$$

式中 V'_s——修正剪切波速，m/s；

V_s——实测剪切波速，m/s；

σ'_v——上覆有效压力，kPa。

建立修正剪切波速 V'_s 与地震烈度的关系，确定液化点和非液化点的临界曲线见图 11-4，依图 11-4 确定剪切波速基准值见表 11-2。

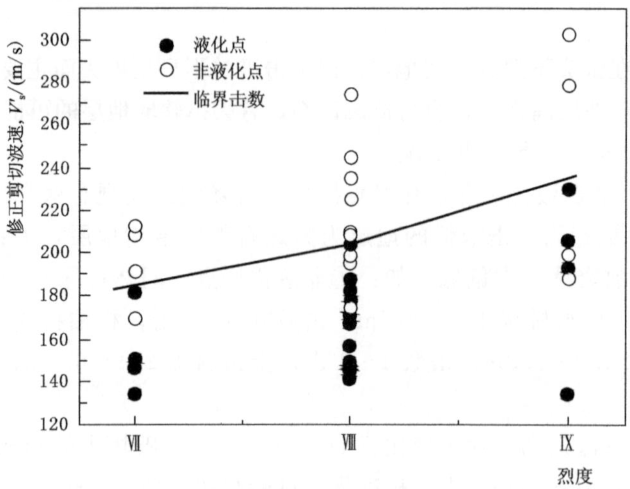

图 11-4　修正剪切波速与烈度关系

表 11-2　剪切波速基准值

地震烈度	Ⅶ	Ⅷ	Ⅸ
剪切波速基准值 $V_{s\text{-}0}$	180	200	230

采用优化法确定影响系数。$\alpha'_s=0.06$；$\alpha'_w=-0.06$

复判式为：

$$V_{s\text{-}cr}=V_{s\text{-}0}[1+0.06(d_w-2)+0.06(d_s-3)][1+0.5(G_c-50\%)] \tag{11-6}$$

或

$$V_{s\text{-}cr}=V_{s\text{-}0}[0.94+0.06(d_s-d_w)][1+0.5(G_c-50\%)] \tag{11-7}$$

表 11-2 给出的不同烈度区的剪切波速基准值，就是图 11-4 液化土层最大修正剪切波速值，也就是图中临界曲线。其含义是还没有发现地震烈度Ⅶ、Ⅷ和Ⅸ度地区的砾性土层修正剪切波速分别大于 180m/s、200m/s 和 230m/s 而发生液化的实例。

本书倚重于剪切波速判别砾性土地震液化，考虑到砾性土的宽级配、含砾量和含砂量影响，对表 11-2 进行了调整，见表 11-3。

当实测剪切波速值 V_s 小于表 11-3 中剪切波速临界值 $V_{s\text{-}cr}$ 时判液化，否则判不液化。

表 11-3　汶川“5·12”地震液化剪切波速临界值 $V_{s\text{-}cr}$ 表　单位：m/s

地震烈度	Ⅶ	Ⅷ	Ⅸ
砂土、类砂土型	160	180	200
过渡型	170	190	210
骨架型	180	200	230

注　1. 砂土、类砂土型砾质土保持了砂土剪切波速临界值。
2. 曹振中、袁晓铭等提出的表 11-2 各项指标是所有砾性土的最高界限，保留作为骨架型砾性土剪切波速临界值。
3. 过渡型砾性土是介于砂土型和骨架型之间的砾性土，剪切波速临界值取两者的中间值。

11.4 超重型动探（N_{120}）与剪切波速（V_s）随深度增加变化的对比

在液化判别中确定液化深度范围是不可缺少的重要环节。在砾性土层中用的比较多的方法还是剪切波速和超重型动探击数。经实测指标对比，剪切波速随深度增加的曲线规律性远优于动探曲线，二者虽有随深度增加而增加的总体一致性，但动力触探击数曲线呈起伏不定的狼牙状，主要原因是砾性土中卵砾石含量多少、粒径大小、坚硬强度等的差异影响。主要规律有：

（1）砾性土中卵砾石含量越多，曲线起伏越大。

（2）砾性土中卵砾石粒径越大，曲线起伏越大。

（3）砾性土中卵砾石越新鲜坚硬，曲线起伏越大。

由于动探击数曲线规律性较差，所以在确定液化深度时以临界深度和剪切波速临界值为主，动探击数临界值为辅。判别液化时，也以临界深度和剪切波速临界值为主，动探击数临界值为辅。见图 11-5。

深度/m	土性特征
1.8	杂填土：灰至灰黑色，稍湿至饱和，松散
2.6	含砂粉质黏土：灰黑、灰黄色，饱和，可塑～软塑，主要由粉质黏土细砂组成，砂粒含量10%～30%，
7.8	稍密卵石：灰、灰黄色，饱和，卵石含量50%～60%，卵石间以中、粗砂充填
9.1	中密卵石：浅灰黄色，饱和，卵石含量60%～70%，卵石间以砾石、中粗砂充填

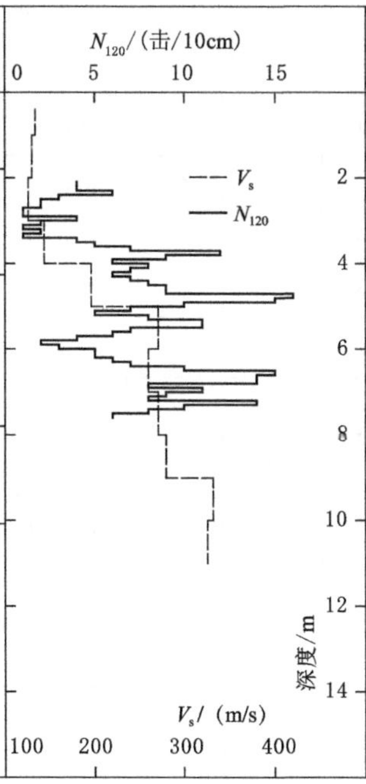

深度/m	V_s/(m/s)	N_{120}/（击/10cm）深度/m	击数/击	深度/m	击数/击
1	134	2.3	4	续左	
2	130	2.4	6	5.2	5
3	126	2.5	3	5.3	8
4	144	2.6	2	5.4	11
5	196	2.7	2	5.5	11
6	271	2.8	1	5.6	7
7	260	2.9	1	5.7	6
8	271	3	4	5.8	4
9	280	3.1	2	5.9	2
10	332	3.2	1	6	3
11	326	3.3	2	6.1	5
12	367	3.4	1	6.2	5
13	402	3.5	4	6.3	6
14	385	3.6	5	6.4	7
15	411	3.7	7	6.5	10
16	416	3.8	12	6.6	15
17	421	3.9	9	6.7	14
18	427	4	6	6.8	14
19	435	4.1	8	6.9	8
20	443	4.2	7	7	11
		4.3	6	7.1	9
		4.4	7	7.2	8
		4.5	8	7.3	14
		4.6	9	7.4	10
		4.7	9	7.5	8
		4.8	16	7.6	6
		4.9	15	7.7	6
		5	10		
		5.1	7		

图 11-5 汶川“5·12”地震绵竹市新市镇新市学校液化点（Ⅷ度，水位 1m）动探 N_{120} 击数与剪切波速随深度变化对比

图 11-5 显示，动探击数随深度增加呈狼牙状，远不及剪切波速随深度增加而增加有规律。剪切波速随深度有规律递增，5m 深处增加至 196m/s，小于界限值 200m/s，6m 深增加至 271m/s，大于界限值 200m/s，液化深度确定为 5.5m。动探值在 2.6～4.7m、

5.0～6.5m 二段动探击数（N_{120}）1～11 击，低于液化界限值 12 击，当判液化深为 6.5m，大于剪切波速判别深度。

本液化点判别是采用了以剪切波速小于 200m/s 判别液化为主，动探击数小于 12 击为辅，确定该点液化层为饱和砂土填充卵石层，综合分析液化深度范围为 2.6～5.5m。

曹振中、袁晓铭团队提供的含砾量（G_c）、剪切波速、大直径动三轴测试结果明确显示，剪切波速 V_s 值与固结比、有效围压、含砾量正相关，见表 11－4。

表 11－4　不同含砾量(G_c)剪切波速 V_s 测试结果

有效压力 σ_v'/kPa		50									
含砾量/%		20				40			60		
相对密度/%		20	40	60	80	40	60	80	40	60	80
K_c（围压）/(m/s)	1.0	213	229	226	237	233	240	252	255	266	275
	1.2	220	233	231	239	236	245	257	260	272	282
	1.5	225	238	235	246	243	252	263	266	279	288
有效压力 σ_v'/kPa		100									
含砾量/%		20				40			60		
相对密度/%		20	40	60	80	40	60	80	40	60	80
K_c（围压）/(m/s)	1.0	248	266	266	274	272	282	295	303	311	319
	1.2	257	272	272	280	277	288	299	307	319	327
	1.5	262	278	279	290	288	295	310	315	323	341
有效压力 σ_v'/kPa		150									
含砾量/%		20				40			60		
相对密度/%		20	40	60	80	40	60	80	40	60	80
K_c（围压）/(m/s)	1.0	295	315	315	325	323	331	345	356	367	379
	1.2	303	321	319	334	330	341	355	362	379	385
	1.5	310	330	332	337	337	351	361	373	388	397

在确定液化层深度范围时还有一些因素必须考虑，例如汶川“5·12”地震液化点祥柳村液化下限深度就是受埋深 7.4～9.3m 非液化黏土层控制的。见图 11－6。

该液化点地下水位 3.4m 深，素填土非液化盖层厚 3.0m，其下饱和含砂卵石层厚度 4.0m，下伏 1.9m 厚黏土层属非液化层。祥柳村地处Ⅸ度高烈度区，盖层较厚，透水性差，有利于积蓄超孔隙水压力，液化强度高，目睹表象液化水砂喷高两个电线杆高，按标准杆高度计当有 10m 以上。测算水头压力约 130kPa，估算液化深度在 8.0m 以上，但 1.9m 厚非液化黏土层的阻隔使液化深度止于 7.4m。

判别液化层深度 7.4m，下部 1.9m 厚黏土层对液化深度起到控制作用，见图 11-6。

深度/m	土性特征
3.0	素填土：灰褐，不均匀，松散，夹杂卵石，卵石呈次圆状，粒径多为2mm左右
7.4	卵石：灰色，松散，卵石呈次圆状，粒径2～5mm
9.3	黏土：褐黄色，稍密，不均匀，湿，可塑，夹细砂和卵石

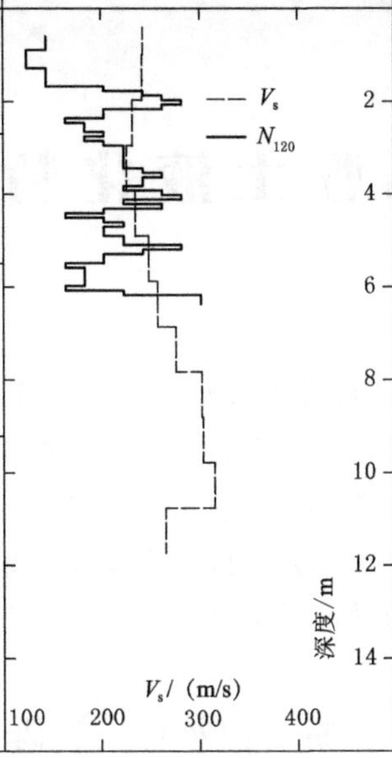

深度/m	V_s/(m/s)	N_{120}/(击/10cm) 深度/m	击数/击	深度/m（续左）	击数/击（续左）
1	240	0.8	2	3.7	8
2	239	0.9	2	3.8	7
3	229	1	1	3.9	7
4	223	1.1	1	4	6
5	232	1.2	1	4.1	8
6	246	1.3	1	4.2	9
7	255	1.4	2	4.3	6
8	274	1.5	2	4.4	8
9	301	1.6	2	4.5	5
10	302	1.7	2	4.6	3
11	314	1.8	5	4.7	5
12	263	1.9	7	4.8	6
13	271	2	8	4.9	5
14	209	2.1	9	5	5
15	225	2.2	8	5.1	6
16	238	2.3	5	5.2	6
17	213	2.4	5	5.3	9
18	225	2.5	3	5.4	7
19	229	2.6	4	5.5	5
20	425	2.7	4	5.6	5
		2.8	5	5.7	3
		2.9	4	5.8	4
		3	5	5.9	4
		3.1	6	6	4
		3.2	6	6.1	4
		3.3	6	6.2	3
		3.4	6	6.3	6
		3.5	6		
		3.6	7		

图 11-6 绵竹市拱星镇祥柳村（Ⅸ度；埋深 3.4～6.2m；水位 3.4m；液化点）

第12章

砾性土液化特征

汶川“5·12”大地震发生了砾性土液化，引发了个别建筑地基失效，建筑物被破坏失去了使用功能。什么是土的液化？大多数人认为是在振动作用下饱和砂土孔隙水压力增长至全压，土粒间有效压力减小至零，产生了使土粒位移并被孔隙水压力分离悬浮于水中，形成水与土粒混合粥状，土层失去了抗剪强度和承载力。砾性土因含砾而得名，因含砾而有别于砂土，因含砾物理力学性质也有别于砂土。在振动液化特征上也与砂土不同。

12.1 喷出物中含砾卵石

在地震液化的历史上只有汶川地震液化场地多处发现了喷出物中含有较多的砾卵石。尽管液化点只见到13处，喷砾量也只占喷出物12%，但已是奇观，过去极少见（今后也不会多见），只有像成都平原那样地形地貌、地层岩性、水文地质条件、地震地质条件才会有较多的砾性土表象液化。

在砾性土液化中砾卵石难以像砂土那样悬浮于孔压水中形成粥状液体。砾卵石粒径大，即使孔隙水压力很大，在缺少空间的条件下也不会与砂土一起悬浮成液态，只有超孔隙水压力足够大时，非液化盖层产生破裂，为砾卵石位移提供了足够的空间，砾卵石才会喷出地面。

12.2 砾性土液化的主体是砂土

汶川地震液化点中发生砾卵石喷出地面的点占液化点数的不过1/10，而喷砂点有90%，喷砂量占喷出物的88%左右，液化的主体还是饱和砂土。

12.3 砾性土液化喷出物成分复杂级配宽

汶川“5·12”大地震液化喷出物从粒径方面表明宽级配的特点，粉土、粉细砂、中粗砂、砾石、卵石都有发现，其成分为山区裸露的多种基岩风化后由水力搬运沉积而成。

12.4 喷出量远少于平原砂土液化

砾性土层中的砂土有两部分：其一是砾卵石层间夹层，汶川液化点砂土夹层厚度0.4～2.1m，其量不多；其二是卵砾层孔隙间填充砂土，砾石含量越多砂土含量越少。由于砂土量少，液化喷出的砂比平原区砂土液化喷砂量自然少。海城地震饱和砂土液化单孔喷砂最多达 300m^3，汶川地震液化严重的安仁村 70 余口民井不同程度被液化砂土掩埋，喷砂量总和也不抵海城单点最大喷砂量。有记载的汶川地震液化单点最大喷砂量双石桥村只有 5m^3。

12.5 砾性土液化过程孔压比升高速度比砂土快、位移量小

曹振中、袁晓铭等对砾性土、砂土进行动力反应对比振动平台测试，结果见图 12－1 和图 12－2。

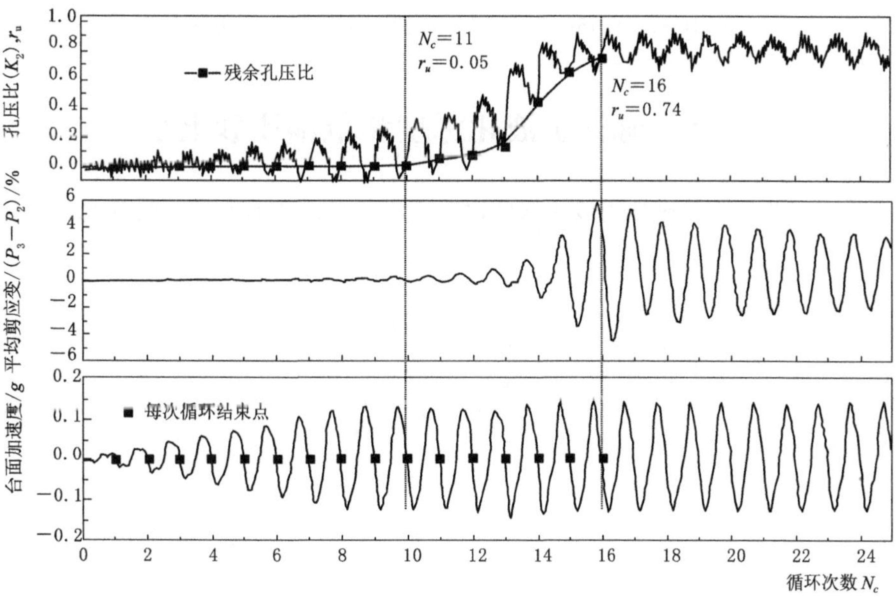

图 12－1 0.15g 荷载下饱和砂土（BS－3）动力反应

试验样本为标准砂、砾性土，试样在相对密度 50%不变，试验结果图 12－1 和图 12－2 表明在正弦荷载 0.15g 作用下砾性土孔压比增长速度快于砂土。图中循环次数 N_c＝10 次时砾性土孔压比 r_u＝0.38，而砂土 N_c＝11 次时孔压比只有 0.05。

试验还显示砾性土剪应变平均值比砂土低，砂土在循环振动 16 次时平均剪应变 (P_3-P_2)%达 6%之后逐渐变小，砾性土在振动 16 次后至 24 次仍保持 3%，砂土液化慢于砾性土，砂土液化位移大，更容易发生表象液化。

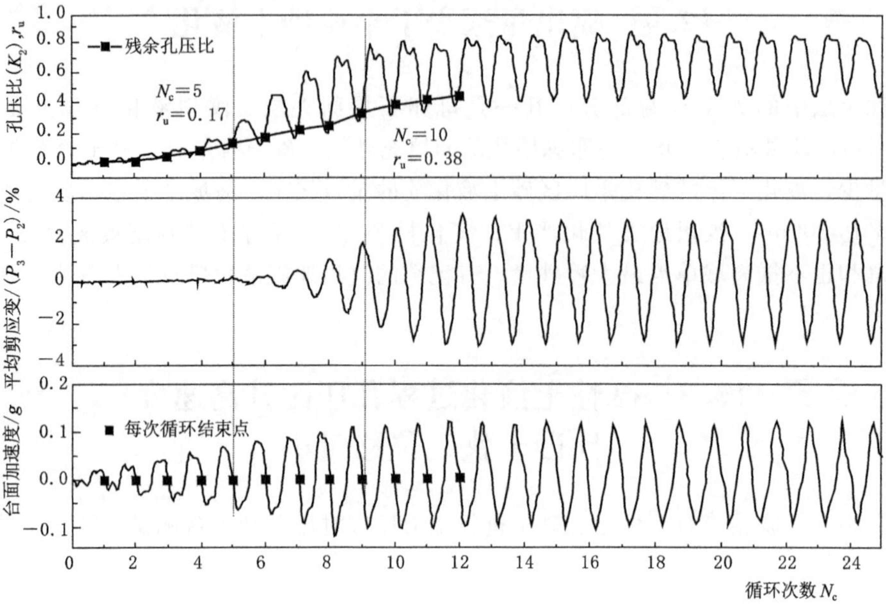

图 12-2 0.15g 荷载下饱和砾性土（BL-3）动力反应

12.6 砾性土液化深度和范围比砂土小

振动平台试验还得到砾性土液化深度比砂土小，液化范围也小。见图 12-3。

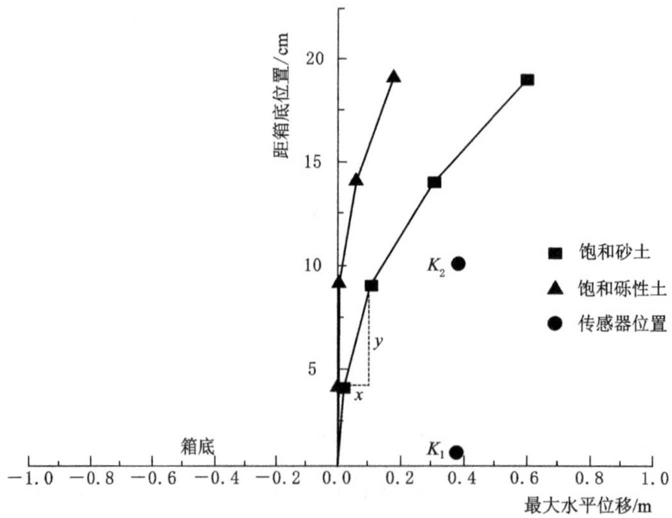

图 12-3 0.15g 正弦荷载下不同深度水平位移对比图

由试验证明，砂土受振动水平位移量在同等深度都比砾性土大。不论砂土还是砾性土都有随深度增加水平位移减小的规律，也证明了液化强度随深度增加而减小，液化深度是有限的，砂土液化深度比砾性土深。

砾性土中砾的粒径大质量高，在盖层下空间小位移困难，而且还会阻碍细小土粒位移的捷径，使其曲径绕行，故有砾性土孔隙水压上升快、达到初始压力快、细小颗粒移动早、隐蔽液化发生早的特征。

12.7 砾性土含砾量越高抗液化强度越高

2000 年王昆耀等进行不同含砾量的砾性土动三轴抗液化强度试验。见图 12-4。

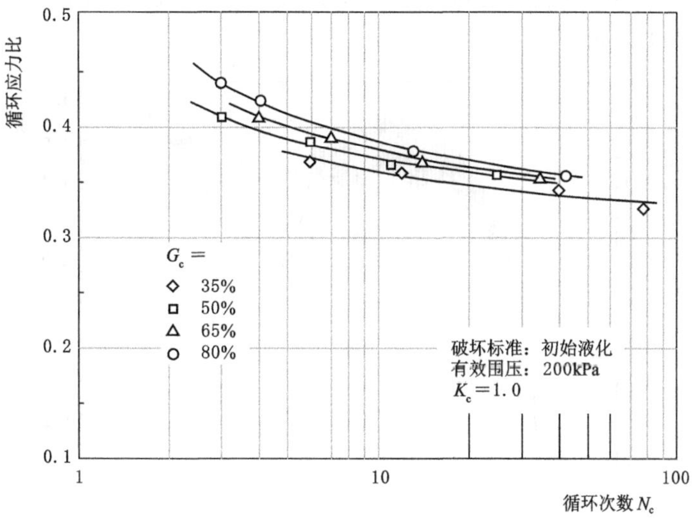

图 12-4 不同含砾量砾性土的抗液化强度曲线

由图显示循环应力比与含砾量的关系在循环次数 N_c=50 之内有含砾量越高循环应力比越高的规律，即 G_c 为 80%＞65%＞50%＞35%。循环 10 次循环应力比约为 0.38、0.37、0.36、0.35，4 条曲线近于平行，与含砾等差增加相应。

12.8 含砾量高液化引起的地面沉降变形小

汶川地震液化引起地面沉降变形并不多，建筑地基最大沉降 15～21cm，农田个别陷坑深 4.0m。

12.9 砾性土宏观表现透水性大于砂土

透水性大、径流条件好，孔隙水压力积聚升高慢而低，故有砾性土液化度低于砂土特征。

12.10 非液化盖层透水强不易发生液化

这一理论已得到排水和不排水对比液化试验证实。曹振中、袁晓铭等用液化点松柏村探坑砾料（含砾量 $G_c=65\%$，相对密度 45%，渗透系数 $K=0.05\text{cm/s}$）进行不排水和排水液化对比振动台试验。结果表明：不排水（盖层相对不透水）条件孔隙水压力迅速升高，7s 时升高至 1.6kPa，而排水条件（盖层相对透水性强）7s 时孔隙水压力仅升高至 0.5kPa。可见盖层的透水性对液化的发生发展有重要影响。

试验还显示，不排水条件下比排水条件孔压消散慢得多，时间 15s 之后不排水条件孔隙水压力开始消散，30s 时消散至 0.53。排水条件经 15s 孔隙水压力消散为 0.4，30s 时消散为 0.0。见图 12-5。

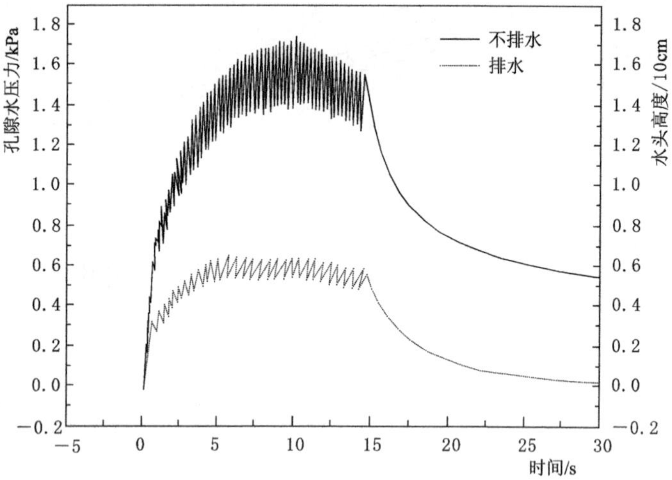

图 12-5 排水条件对探坑原料（$G_c=65\%$）孔压发展的影响（0.1g）

非液化盖层的透水性对液化的影响，砂土和砾性土无本质区别。

设盖层渗透系数为 K_1，判别土层渗透系数为 K_2。当 $K_1>K_2$时不易形成超孔隙水压力，故不易产生表象液化。在河床、河漫滩场地液化判别中可以作为判别条件。K_1和 K_2 指标有待经试验和实践确定。

第13章

砾性土液化机理

汶川“5·12”大地震发生了砾性土液化，人们目睹沿地裂缝喷砂冒水，也见到喷出物中的卵砾石，最大粒径达15cm。现场照片和进行的颗粒分析，不容置疑地证明了砾性土地震液化，改变了砂卵石层不发生液化的传统理念，部分地动摇了砾土优良地基的认识，因此成了工程界一件让人关注的大事。

就汶川地震液化而言，以砾卵石为主的空隙填充砂或砾卵石层间夹薄层砂（层厚未见大于2.1m），喷出物中砂土占80%以上，砾卵石仅占12%。液化的主体仍是砂土。

砾性土的宽级配多种粒径组合，用一种理念解释液化机理是困难的。前面已将砾性土粗略地划分四个亚类。其中，砂土型主要指砾卵石层间夹砂层，厚度0.4～2.1m，埋深浅，地震中容易液化。类砂土型砾性土，沉积物以砂土为主，含砾量不超过35%，液化中砾石有阻碍砂土位移的作用，液化度稍低于砂土，液化机理基本相同。

13.1 砂土型和类砂土型砾性土液化机理

砂土液化机理在砂土篇中已有较详细分析，基本机理是地震动应力作用下饱和砂土（包括类砂土型砾性土）土粒间有效应力逐渐降低，孔隙水压力逐渐升高，当土粒间有效应力降低至零，孔隙水压力完全取代粒间有效应力时，砂土颗粒开始位移，发生了初始液化（或称隐蔽液化），此时的孔隙水压力称为液化临界压力。

当地震仍在持续，孔隙水压力继续增加使非液化盖层发生塑性变形，形成了鼓包和地裂缝，饱和砂土有了释放压力的空间，水、砂瞬间沿裂缝喷射出地面，发生了表象液化。这一过程是在孔隙水临界压力基础上继续升高的称为超孔隙水压力。这就是砂土型、类砂土型砾性土的液化机理。

13.2 骨架型砾性土液化机理

骨架型砾性土的液化机理与砂土大同小异。填充于卵砾石间的砂土是液化的主体，但液化的发生、发展与砂土层液化有差异，液化引起后果也不同。

汶川地震液化主要发生在成都平原西部冲洪积扇上缘Ⅶ～Ⅸ度烈度区。骨架型砾性土地层发育，架空结构间填充砂土，所占比例少于 40%。多数学者认为砾石含量达 70%才形成骨架，刘令瑶于 1982 年试验的含砾量与液化度的关系显示含砾量达 60%液化度便有明显的下降，含砾量 70%时液化度几乎为零。这定性地表明：①砾含量 60%骨架效应已很明显；②砾含量 70%液化度几乎为零，说明很少有表象液化发生。究其原因，骨架型砾性土渗透性强，地下水渗流顺畅，孔隙压力不易增长，更多的是达到初始压力发生隐蔽液化（见图 13－1）。

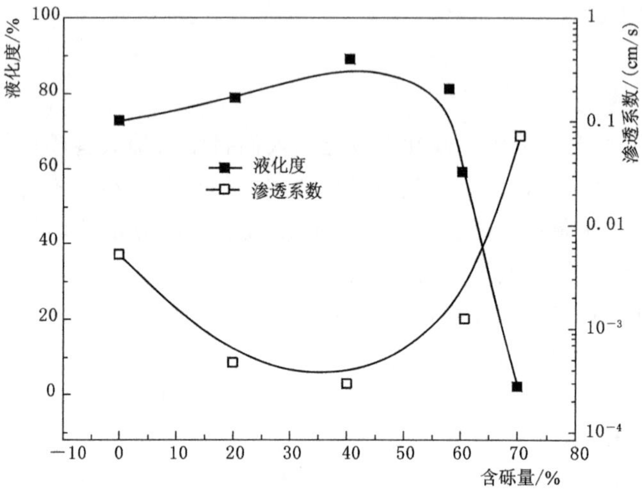

图 13－1　含砾量与液化度的关系

注：液化度指振动台振动期间产生的最大孔隙水压力（峰值）与初始围压之比，定义为液化度，定性表示液化难易和强度。

13.3　过渡型砾性土液化机理

此类砾性土指含砾量大于 35%，小于 65%之间的砾性土，是介于类砂土与骨架型砾性土之间的土。由刘令瑶试验已知该类土液化度较高，在 60%～80%。王昆耀等在 2000 年对砾性土进行最优含砾量试验，结果证明含砾量为 35%～65%，最大最小干密度随含砾量增加而增加。含砾量 50%～70%最大最小干密度最高。说明含砾量 65%已形成稳定骨架，充填的砂土也多。砾含量 70%以上骨架空隙大砂土不能足量充填，最大最小干密度降低，砾卵石含量越高，密度反而降低。

此类土在成都冲洪积扇也多有沉积。液化发生时含砂量大于含砾量，液化机理与砂土类似，含砾量多时液化机理偏向于骨架型，其形式多变，但万变不离其宗，都是砂土为主液化。砾少砂多液化势强，砾多砂少阻力大，液化势低（见图 13－2，最大最小干密度与含砾量的关系）。

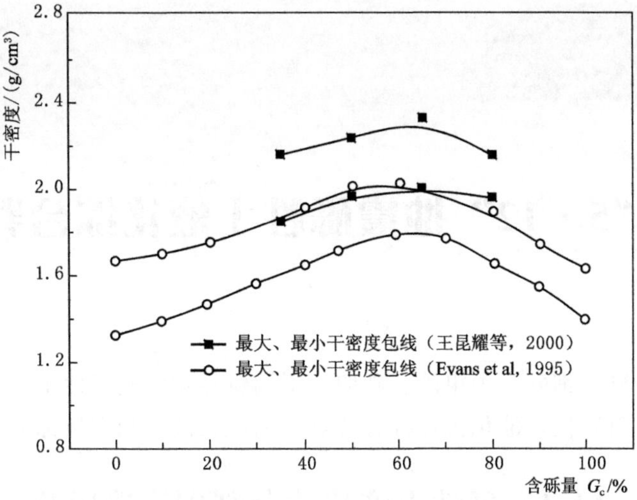

图 13-2　最大最小干密度与含砾量的关系

第 14 章

汶川“5·12”地震砾性土液化综合判别法

前面将涵盖粉砂、细砂、中粗砂、砾卵石不同粒径宽级配砾性土划分了四个亚类。四个亚类既有共性也有特性，液化机理各有特点，因此在液化判别指标上也应有区别。

14.1 砾性土液化综合判别法选用的判别项目和指标说明

（1）地震强度（破坏程度）。按Ⅶ、Ⅷ、Ⅸ度三个烈度分别提出判别指标。

（2）地层时代。Ⅶ、Ⅷ度烈度区仍坚持采用上更新世及以前形成的土层判不液化。

（3）非液化盖层厚度（d_s）。按不同烈度至今发生的不液化层深度最大值 d_{smax} 为不液化深度临界值（d_{sr}）。$d_s \geqslant d_{sr}$ 判不液化，见表 14-1。

（4）剪切波速（V_s）。剪切波速临界值（V_{sr}）是液化判别首选项目，剪切波速实测值 $V_s' \geqslant V_{sr}$ 初判不液化，也是终判不液化。否则进行延判。

延判按 0.85 倍 V_{sr} 划分（0.85 为建筑物等别系数）：

$$V_s' \geqslant 0.85V_{sr}\text{，可能液化}$$

$$V_s' < 0.85V_{sr}\text{，容易液化}$$

（5）含砾量（G_c）。含砾量对砾性土液化的影响明显，现场测试和室内动力测试已经证明含砾量高抗液化能力强。为彰显这一特征，本书对骨架型（$G_c \geqslant 65\%$）、过渡型（$G_c = 35\% \sim 65\%$）、砂土和类砂土型（$G_c < 35\%$）砾性土分别进行了判别，其中砂土和类砂土型合并判别，与国内现行规范中“允许包括大于 2mm 砂砾按砂土判别”是一致的。

（6）建筑地基等别。建筑物地基等别不同对液化判别的要求也有差异。为此，对剪切波速提出了如上 0.85 的建筑物等别系数，进一步将其细化为 0.65～0.85，根据建筑物地基等别选择其间数值进行判别。低等别取低值，高等别取高值。

（7）砾性土密度指标说明。该指标本来是液化判别的重要指标，因原状样采取困难，用 N_{120} 击数估算误差大，故暂未列入判别项目。

（8）动力触探（N_{120}）。动探击数在砾性土中受多种因素影响准确性差，本书中不作为判别指标，只作为参考指标。动探击数在判别液化深度时有重要参考价值。

（9）盖层透水性。盖层强透水孔隙水压力难以升高，不易发生液化。在判别河漫滩地基液化时应予重视。$K_1/K_2 \geqslant 1.0$ 不易液化。由于缺少有关资料，提出 $K_1/K_2 \geqslant 1.2$ 作为判不液化参考值，待以后实践中逐步修正。

14.2 砾性土液化判别的步骤

分两步，即初判和延判。

（1）初判，满足下列三项中任一项指标判不液化，否则进入延判：

1）砾性土沉积时代为 Q_3（第四系晚更新世）及以前。

2）砾性土埋深大于不液化临界深度。

3）砾性土剪切波速大于剪切波速临界值。

（2）延判，采用初判的后两项指标，判别分为易液化和可能液化两种。满足下列条件之一的判易液化，否则判可能液化：

1）砾性土埋深小于临界深度常见值 D_{sh}。

2）砾性土实测剪切波速值小于剪切波速常见值 V_{sh}。

14.3 液化等级计算

判易液化应进行液化等级计算，判可能液化视设计要求确定。

14.4 临界不液化深度即为液化地基处理深度指标

液化判别中临界不液化深度即为液化地基处理深度参考指标。

14.5 初判、延判表

砾性土液化判别初判、延判指标见表 14－1 和表 14－2。

表 14－1　　砾性土液化初判表

岩类	判别项目	界限指标			实测值	判别		备注
		烈度Ⅶ	烈度Ⅷ	烈度Ⅸ		否	可能	
砂土、类砂土型	时代	Q_3	Q_3	Q	Q_3	√		任一项大于表中指标判不液化，否则进入延判
	V_{sr}/(m/s)	160	180	200	V_s'	√		
	d_{sr}/m	7	8	9	d_s'	√		
骨架型土	时代	Q_3	Q_3		Q_3	√		
	V_{sr}/(m/s)	180	200	230	V_s'	√		
	d_{sr}/m	6	7	8	d_s'	√		
过渡型土	时代	Q_3	Q_3		Q_3	√		
	V_{sr}/(m/s)	170	190	210	V_s'	√		
	d_{sr}/m	6.5	7.5	8.5	d_s'	√		

表 14-2 砾性土液化延判表

岩类	判别项目	界限指标			实测值	判别		备注
		烈度Ⅶ	烈度Ⅷ	烈度Ⅸ		易	可能	
砂土、类砂土型	时代	Q_4	Q_4	—	Q_4	√		常见值按建筑地基等别和设计要求取值，取值范围0.65～0.85
	常见值 $V_{sh}/(m/s)$	≤136	≤153	≤170	V'_s	√		
	常见值 D_{sh}/m	≤6	≤7	≤8	d'_s	√		
骨架型土	时代	Q_4	Q_4	—	Q_4	√		
	常见值 $V_{sh}/(m/s)$	≤153	≤170	≤196	V'_s	√		
	常见值 D_{sh}/m	≤5	≤6	≤7	d'_s	√		
过渡型土	时代	Q_4	Q_4	—	Q_4	√		
	常见值 $V_{sh}/(m/s)$	≤144	≤158	≤178	V'_s	√		
	常见值 D_{sh}/m	≤5.5	≤6.5	≤7.5	d'_s	√		

14.6 液化强度计算表

砾性土液化指数计算和等级划分见表14-3。

表 14-3 综合判别法砾性土液化指数划分表

项目		分值	和值	等级	备注
地震烈度	Ⅶ	20	≥80	严重	液化指数 I_{LE}=分值之和
	Ⅷ	30			
	Ⅸ	40			
非液化盖层厚度/m	≥5	10	60～80	中等	
	5～2.0	20			
	<2.0	30			
液化土层厚度/m	<4.0	15	<60	轻	
	4.0～6.0	25			
	≥6.0	35			

示例：

某场地地震烈度Ⅶ度，地层时代为 Q_4，地下水位深1.8m，盖层为粉质黏土厚2.3m，其下为骨架型砾性土，含粉细砂，结构松散，厚度8.5m，剪切波速最大值146m/s，判别砾性土层是否液化。

初判：①场地砾性土土层为 Q_4 时代形成，不满足"土层沉积时代为 Q_3（第四系晚更新世）及以前"；②砾性土埋深2.3～10.8m，其中埋深2.3～6m砾性土小于临界深度6m，不满足"埋深大于不液化临界深度"；埋深6～10.8m砾性土大于临界深度6m，满足"埋深大于不液化临界深度"；③砾性土剪切波速最大值146m/s，小于剪切波速临界值180m/s，不满足"剪切波速大于剪切波速临界值"。

埋深 2.3～6m 砾性土 3 项指标均不满足，需要进行延判。埋深 6～10.8m 砾性土大于临界深度 6m，满足"埋深大于不液化临界深度"，判别为不液化。

延判：①砾性土埋深 2.3～6m，其中 2.3～5m 砾性土层埋深小于临界深度常见值 5m，判别为易液化；5～6m 砾性土层埋深大于 5m，判别为可能液化；②砾性土剪切波速最大值 146m/s，小于剪切波速常见值 153m/s，判别为易液化。

综合判别：砾性土埋深 2.3～10.8m，其中埋深 2.3～6m 砾性土层易液化；埋深 6～10.8m 砾性土层不液化。

液化砾性土层液化指数计算（I_{LE}）：地震烈度Ⅷ度分值 20；盖层厚 2.3m 小于 5.0m 分值 20；液化层厚 3.7m 小于 4.0m 分值 15；合计 $I_{LE}=20+20+15=55$，$I_{LE}<60$，属轻度液化。

第 15 章

对汶川“5·12”地震液化点再次地震液化可能性的综合预判

汶川地震后曹振中、袁晓铭团队对部分液化点进行勘察试验，经对成果分析已将砾性土进一步划分了 4 个类别即砂土型、类砂土型、骨架型、过渡型。根据勘察成果对四类砾性土 19 个代表性液化场点采用综合判别法演示预判方法和预判结果。

所谓预判自然是判别汶川地震液化过后重新沉积的各种砾性土，发生同烈度同场点再次液化的可能，与回判有本质的区别。

汶川地震发生后四川地震动参数区划图已有调整，本次预测仍采用 2008 年前的烈度进行判别。

判别方法依勘察成果中的土层生成时代、埋深、剪切波速与砾性土液化初判表 14-1 中指标对照，满足要求判不液化，不满足进入延判。延判用实测指标与延判表 14-2 中指标比对，满足要求判容易液化，否则判可能液化。

15.1 砂土型砾性土液化点再次地震液化的预判

纵观汶川地震液化资料，至少 7 处是以第四纪全新世饱和砂土夹层液化为主。经喷砂冒水表象液化，较薄的饱和砂层被喷出地表，震后勘察该层缺失或变得更薄了。如板桥中心学校液化点，震前勘察的 1.0m 厚砂土夹层震后勘探不见了。含砂的卵砾石层因砂土喷出地表，砂的百分含量也减少了，卵砾石层液化度也会随之减弱。

汶川地震砂土型砾性土液化判别，依据表 6-4 初判、表 6-5 延判。表中指标逐项比对后，初判实测值大于界限值判不液化，延判实测值小于常见值判容易液化，大于常见值判可能液化。综合预判结果见表 15-1。

图 15-1 肖家村“5·12”地震点，埋深 1.4～2.2m 饱和砂土是主要液化层，其下埋深 4.5～7.7m 砾石层 N_{120} 仅 1～3 击，当判液化；但此深度范围剪切波速值 V_s' 为 207～272m/s 又大于剪切波界限值，又判不液化。两个指标判别结果相左，以剪切波速为准，判不液化。

图 15-2 石虎村“5·12”地震点，埋深 4.0～5.8m 饱和砂性土液化为主，液化深 6.0m，砂层下卵石层部分易液化。

表 15-1　汶川地震液化点砂土型砾性土再次液化综合判别成果表

液化点	烈度	盖层/m	地下水深/m	地层岩性	实测剪切波速 V'_s/(m/s)	汶川“5·12”地震液化表象	比对判别结果	备注
都江堰丰乐村	Ⅷ	2.1	1.4	粉质黏土厚1.4m/中砂厚0.9m/卵石层厚5.2m，粒径大于2.0mm占60%充填砂	205.0	液化层1.4～2.8m为饱和砂土为主，卵石层上部也有部分液化，喷水冒砂	砂层容易液化，卵石层不液化	卵石层初判V'_s实测值大于Ⅷ度临界值判不液化
成都肖家村	Ⅶ	1.8	1.4	粉质黏土厚1.0m/粗砂厚1.1m/砾石层厚2.1m/粗砂层厚4.3m	176.0	液化层为砂土层厚0.7m，冒砂喷水较轻，震时仅见烟囱掉瓦	砂层容易液化	初判砾石层$V'_{sd}>160$，不液化。见图15-1
广汉市石虎村	Ⅷ	4.0	2.9	黏土厚4.0m/粗砂厚0.8m/卵石层厚4.4m/粗砂层厚4.3m/卵石层	161.0	液化层为上部第一层砂土厚0.8m，喷水冒砂	砂层容易液化，液化深6.5m	粗砂为Q_4松散饱和层，埋深小于临界值，V'_s小于常见值170，判易液化。见图15-2
绵竹市白江村	Ⅶ	1.5	2.2	粉质黏土厚1.5m/粗砂厚1.5m/卵石层厚4.4m/含砂卵石层厚5.6m/粗砂厚0.9m	142.0	液化层为上层砂土厚1.5m，喷砂冒水，卵石层上部亦液化	砂层容易液化，液化深6.0m	属Q_4土层，埋深浅V'_s小于临界值，判易液化
德阳市金桥村	Ⅶ	4.0	2.2	粉质黏土厚2.4m/卵石厚2.0m/细砂层厚2.1m/卵石层厚5.4m/粗砂厚1.0m	164.0	沿地裂缝喷砂冒水，液化过后地表积水沿裂缝很快渗干，液化面积70余亩	砂层容易液化，液化深6.0m	卵石层V'_s大于常见值，埋深浅，判可能液化。见图15-3
绵竹市板桥学校	Ⅶ	3.0	3.0	粉质黏土厚1.5m/卵石含砂厚5.0m夹1.0m砂土层/卵石层厚大于16m属Q_3沉积	159.0	液化喷砂冒水沿地裂缝发生，液化诱发地面下沉15cm，教学楼沉降裂缝拆建	砂土层容易液化，液化深6.5m	V'_s小于常见值160，Q_4饱和土层厚d_s均小于临界值，判容易液化。见图15-4
绵竹市武都村	Ⅸ	5.0	1.4	粉土含砾厚5.0m/砾石层厚2.7m	150.0	喷出含砂黏土并少量砾石，6户裂缝穿过，多处液化冒水喷砂。饱和粉土液化层3.4m	易液化 液化深9m	Q_4砾石层，V'_s和d_s均小于临界值，判易液化

注　盖层厚度、地下水埋深、剪切波速值源于曹振中、袁晓铭等统计结果（下同）。

深度/m	土性特征
1.0	粉质黏土：灰色，均质，可塑，稍湿，韧性和黏性一般，下部含卵石和砾石颗粒
2.2	粗砂：灰色，均质，松散至稍密。0.5～2.0mm的颗粒占85.2%，大于2.0mm的颗粒很少
4.3	砾石：灰色，稍密，分选性较差。卵石和砾石颗粒以石英质为主，坚硬，抗风化能力强，次圆状，其中粒径大于60mm的颗粒约占20%，大于20mm的占60%～70%，小于2mm的颗粒约20%，其中，灰色中粗砂主要充填在卵砾石中
7.6	粗砂：灰色，均质，松散至稍密
	卵石：灰色，稍密至中密，分选性较差。卵砾石颗粒以石英质为主，坚硬，抗风化能力强，次圆状，其中粒径大于60mm的颗粒约30%，大于20mm颗粒约70%，小于2mm的颗粒约15%，其中，灰色中粗砂主要充填在孔隙中

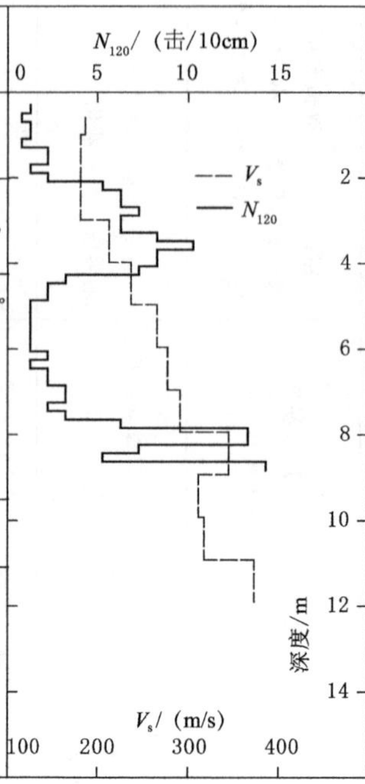

深度/m	V_s/(m/s)	N_{120} 深度/m	N_{120} 击数/击	续左 深度/m	续左 击数/击
1	181	0.5	1	6.1	1
2	176	0.7	0.5	6.3	2
3	176	0.9	1	6.5	1
4	207	1.1	1	6.7	2
5	231	1.3	0.5	6.9	2
6	260	1.5	2	7.1	3
7	272	1.7	2	7.3	3
8	286	1.9	1	7.5	2
9	339	2.1	2	7.7	3
10	306	2.3	5	7.9	6
11	312	2.5	6	8.1	13
12	367	2.7	6	8.3	13
13	379	2.9	7	8.5	7
14	393	3.1	6	8.7	5
15	396	3.3	6	8.9	14
16	413	3.5	8	9.1	25
17	358	3.7	10	9.3	26
18	451	3.9	8	9.5	18
19	378	4.1	8	9.7	20
20	504	4.3	7	9.9	20
		4.5	3	10.1	19
		4.7	2	10.3	20
		4.9	2	10.5	17
		5.1	1	10.7	12
		5.3	1	10.9	8
		5.5	1	11.1	7
		5.7	1		
		5.9	1		

图 15-1　成都市龙桥镇肖家村“5·12”地震后勘察成果

（Ⅷ度；埋深 1.1～2.2m；水位 1.4m；液化点）

深度/m	土性特征
	黏土：褐色至黄色，稍密，湿，可塑，有光泽，干强度和韧性中等
4.0	粗砂：灰黑，均匀，松散，级配不良，含卵粒等粗粒
4.8	卵石：黄色至褐黄色，松散至稍密，最大粒径120mm，大于20mm的占60%～70%，粒间以砂粒为主，其含量小于20%，颗粒呈次圆状
10.5	粗砂：黄色至褐黄色，稍密，含少量卵砾石，次圆，分散于砂砾中，最大粒径50mm，少量灰白卵石风化成白砂，大部分抗风化能力强，大于2mm的颗粒约占20%
14.8	卵石：黄夹灰白色，稍密，最大粒径55mm，部分风化成砂，大部分未见风化，呈次圆，大于20mm的颗粒约占55%，大于2mm的颗粒约占70%

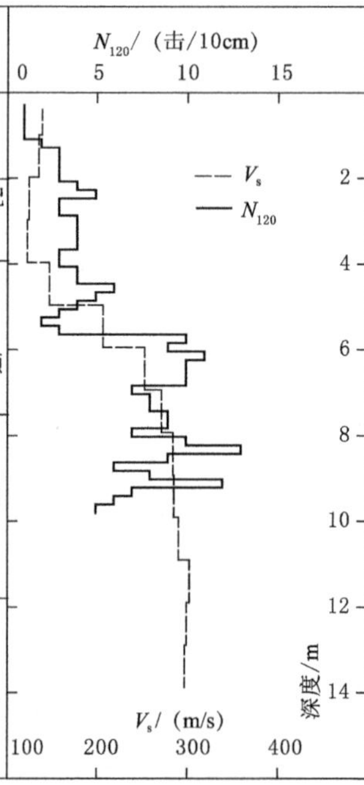

深度/m	V_s/(m/s)	N_{120} 深度/m	N_{120} 击数/击	续左 深度/m	续左 击数/击
1	141	0.5	1	5.7	3
2	137	0.7	1	5.9	10
3	126	0.9	1	6.1	9
4	124	1.1	1	6.3	11
5	149	1.3	2	6.5	10
6	208	1.5	3	6.7	10
7	254	1.7	3	6.9	10
8	273	1.9	3	7.1	7
9	286	2.1	3	7.3	8
10	287	2.3	4	7.5	8
11	292	2.5	5	7.7	9
12	304	2.7	3	7.9	9
13	301	2.9	3	8.1	7
14	299	3.1	4	8.3	10
15	298	3.3	4	8.5	13
16	297	3.5	4	8.7	9
17	297	3.7	4	8.9	6
18	297	3.9	3	9.1	8
19	298	4.1	3	9.3	12
20	305	4.3	4	9.5	7
		4.5	4	9.7	6
		4.7	6	9.9	5
		4.9	5		
		5.1	4		
		5.3	3		
		5.5	2		

图 15-2　绵竹市新市镇石虎村“5·12”地震后勘察成果

（Ⅷ度；埋深 4.0～5.8m；水位 2.9m；液化点）

深度/m	土性特征
2.4	粉质黏土：灰褐色，较均匀可塑，稍湿，韧性中等
4.0	卵石：褐黄色，级配良好，最大粒径12cm，次圆，抗风化能力差，局部粗砂较多
6.1	细砂：褐黄色，稍密至中密，含卵石
11.5	卵石：褐黄，中密，湿，级配良好次圆，最大粒径80mm
12.5	卵石：夹有杂色，次圆，粒径多为10～40cm，粗粒以粒间接触为主，有细砾充填
	粗砂：褐黄色，中密，含砾石，约占10%，最大粒径50mm

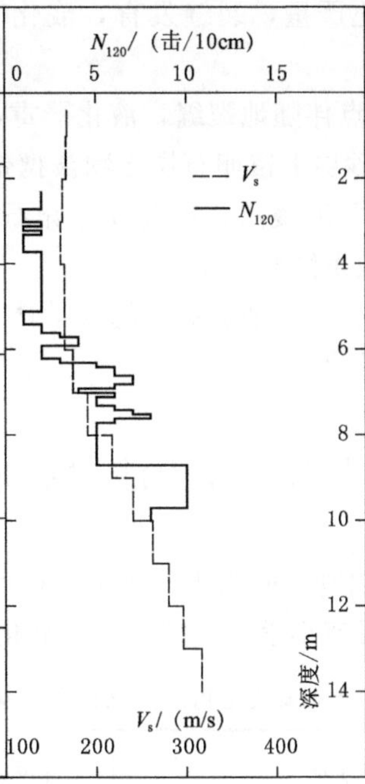

深度/m	V_s/(m/s)	N_{120} 深度/m	N_{120} 击数/击	N_{120} 深度/m（续左）	N_{120} 击数/击（续左）
1	168	2.5	2	5.4	1
2	167	2.6	2	5.5	2
3	163	2.7	2	5.6	2
4	161	2.8	1	5.7	3
5	165	2.9	1	5.8	4
6	165	3	1	5.9	4
7	174	3.1	2	6	2
8	190	3.2	1	6.1	2
9	217	3.3	2	6.2	2
10	240	3.4	1	6.3	3
11	262	3.5	1	6.4	5
12	280	3.6	1	6.5	6
13	296	3.7	1	6.6	6
14	316	3.8	2	6.7	7
15	314	3.9	2	6.8	7
16	316	4	2	6.9	6
17	278	4.1	2	7	4
18	280	4.2	2	7.1	6
19	284	4.3	2	7.2	5
20	347	4.4	2	7.3	5
		4.5	2	7.4	6
		4.6	2	7.5	7
		4.7	2	7.6	8
		4.8	2	7.7	6
		4.9	2	8.7	5
		5	2	9.7	10
		5.1	2	10	8
		5.2	1		
		5.3	1		

图 15-3 德阳市黄许镇金桥村“5·12”地震后勘察成果

（Ⅶ度；埋深 4.0～6.1m；水位 2.2m；液化点）

深度/m	土性特征
1.5	粉质黏土：褐色至褐黄色，均匀，可塑，稍湿，韧性较低，干强度低，
6.5	卵石：褐色至褐黄色，级配不良，以卵石圆砾为主，并见漂石（最大粒径25cm）细粒含量少，次圆，抗风化能力强，稍密至中密状态
	卵石：为剧烈风化的冰碛-冰水堆积物，色杂总体呈褐黄色，含灰白棕色，黑色等明显单粒结构，次圆至次棱，主要为石英岩，花岗岩，安山岩，砂岩，燧岩等，填充物为褐黄色至黄色中粗细砂，在12.2m和4.2m处含20～40cm厚砂夹层，稍密至中密，卵石中密至密实本层最大特点是风化极剧烈，大多数呈剧烈风化，颗粒周界清晰，用手易捏成粉末，本层未揭穿

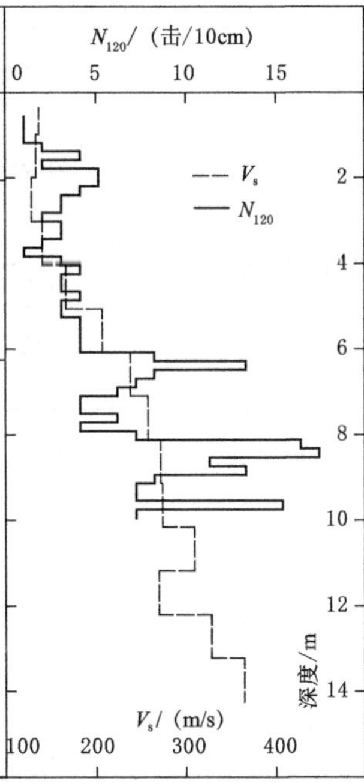

深度/m	V_s/(m/s)	N_{120} 深度/m	N_{120} 击数/击	N_{120} 深度/m（续左）	N_{120} 击数/击（续左）
1	136	0.8	1	6	4
2	133	1	1	6.2	8
3	128	1.2	1	6.4	13
4	140	1.4	2	6.6	8
5	165	1.6	4	6.8	7
6	204	1.8	2	7	6
7	234	2	5	7.2	4
8	253	2.2	5	7.4	4
9	267	2.4	4	7.6	6
10	269	2.6	3	7.8	4
11	304	2.8	3	8	7
12	265	3	2	8.2	16
13	322	3.2	3	8.4	17
14	358	3.4	3	8.6	11
15	339	3.6	2	8.8	13
16	355	3.8	1	9	8
17	380	4	3	9.2	7
18	317	4.2	4	9.4	7
19	381	4.4	3	9.6	15
20	421	4.6	3	9.8	7
		4.8	4		
		5	3		
		5.2	3		
		5.4	4		
		5.6	4		
		5.8	4		

图 15-4 绵竹市板桥镇板桥学校“5·12”地震后勘察成果

（Ⅷ度；埋深 3.0～6.1m；水位 3.0m；液化点）

图 15－3 金桥村“5·12”地震点，埋深 4.0～6.1m 饱和细砂层为液化土层，液化深可达 7.5m，“5·12”地震液化严重，裂缝发育，液化时喷水，液化后积水漏干破坏稻田。V'_s大于V_{sh}判可能液化。

金桥村“5·12”地震液化点伴随地裂缝，液化严重，喷出黄砂含砾，地面下沉 10～20cm，房屋裂缝，砾石为液化砂层上覆卵石层之物被携带出地面。

图 15－4 板桥学校“5·12”地震点，震前勘探卵石中夹 1.0m 砂土层，震后勘探不见了，可能液化后喷出地表，故沉降较严重。

板桥学校“5·12”地震液化点伴地裂缝穿越教学楼，教学楼沉降量最大 15cm 以上，地板、墙体开裂，震后已拆除重建。

15.2 类砂土型砾性土液化点地震液化预判

含砾量不超过 35％液化喷出物以砂为主，该类型借助砂土液化综合判别法进行。

本类型土选择了桑园村、毗庐小学、果园村 3 个液化点进行预判，见表 15－2。

表 15－2 类砂土型砾性土再次液化综合判别成果

液化点	烈度	盖层/m	地下水位/m	地层岩性	V'_s/(m/s)	“5·12”地震液化表象	比对判别结果	备注
绵竹市桑园村	Ⅷ	2.8	2.8	填黏性土厚 1.2m/粗砂层厚 2.8m/卵砾层厚 13.3m	199	喷出黄沙量大伴地裂缝，缝长几千米，穿过民房似构造裂缝	砂层液化，卵砾石层可能液化	图 15－5
德阳市果园村	Ⅶ	1.5	1.5	黏土厚 1.5m/砂土夹层厚 0.4m/含砂卵砾层厚 3.6m/砂土夹层厚 0.4m/卵石含砂厚 1.1m/黏土	165	喷黄色砂，余震时再次发性液化，地裂宽约 6cm，五六家农户喷砂冒水	砂土夹层液化，含砂砾卵石层可能液化	图 15－6
广汉市毗庐小学	Ⅶ	2.3	1.4	填土厚 1.5m/黏土厚 0.8m /砂砾层厚 5.0m，含砂量约 60％以上，深 8.2m 变密实	161	喷水冒砂较严重，单孔喷砂 5.0m³（汶川之最）	砂砾层液化，液化深 5.5m	图 15－7

果园村和毗庐小学场点均在Ⅶ度烈度区，土层埋深小于界限值，地层属 Q_4 地层，都在判液化之列。

图 15－5 桑园村“5·12”地震液化点，4～7m 深 N_{120} 与 V_s 值大小相反，N_{120} 值异常。液化严重，农田中、民房中都有不同程度的喷砂冒水，喷砂量大的，排水管下沉，数村民房裂缝，疑似构造裂缝。

图 15－6 果园村“5·12”地震，主震、余震均发生喷水冒砂，伴随地裂缝，液化较严重，喷出物似有卵砾，裂缝宽约 6cm，余震时有二次液化。5～6 户农家喷砂、墙裂。

图 15－7 昆庐小学“5·12”地震液化点，液化层为饱和松散级配良好砾石层，卵石含量约 15％，粉粒含量小于 10％，砂土含量居多，属类砂土型液化层，液化深度 5.5m。

深度/m	土性特征
1.2	素填土：褐色，均匀，松散，稍湿，主要成分为黏土
4.0	粗砂：黄褐色至褐色，稍密至中密，含砾石和卵石
	卵石：褐黄色，中密，饱和，粗粒次圆至次棱角面状，抗风化能力强，最大粒径150mm，大于50mm的约占50%，砾粒占30%左右，缺少中间粒径，局部含砂粒较多

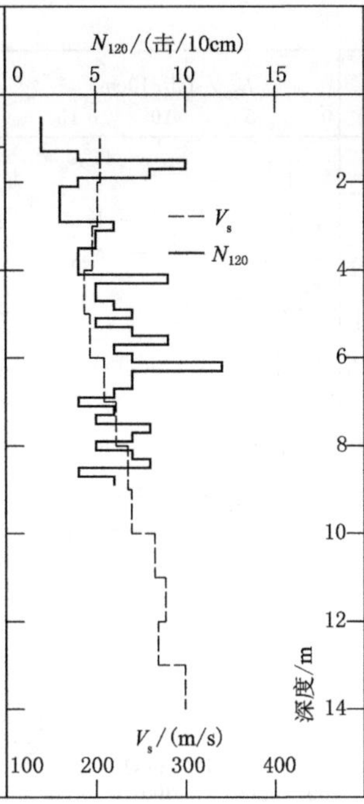

深度/m	V_s/(m/s)	N_{120}/(击/10cm) 深度/m	击数/击	深度/m	击数/击
1	205	0.7	2	续左	
2	205	0.9	2	6.1	7
3	202	1.1	2	6.3	12
4	196	1.3	2	6.5	7
5	187	1.5	4	6.7	7
6	193	1.7	10	6.9	6
7	209	1.9	8	7.1	4
8	222	2.1	4	7.3	6
9	235	2.3	3	7.5	5
10	239	2.5	3	7.7	8
11	265	2.7	3	7.9	7
12	277	2.9	3	8.1	5
13	269	3.1	6	8.3	7
14	299	3.3	5	8.5	8
15	309	3.5	5	8.7	4
16	264	3.7	4	8.9	6
17	267	3.9	4		
18	322	4.1	4		
19	281	4.3	9		
20	349	4.5	5		
		4.7	5		
		4.9	6		
		5.1	7		
		5.3	5		
		5.5	7		
		5.7	9		
		5.9	6		

图 15-5　绵竹市齐天镇桑园村“5·12”地震后勘察成果

（Ⅷ度；埋深 2.8～4.2m；水位 2.8m；液化点）

深度/m	土性特征
1.5	粉质黏土：灰褐色，稍密至中密，稍湿，含少量砾石
1.9	粗砂：灰褐色，稍密，稍湿，含砾石
5.5	卵石：抗风化能力强，次圆，稍密，湿，最大粒径达120mm，多数50～100mm
5.9	细砂：褐色至褐黄色，稍密至中密，饱和，夹少量细砾
7.0	卵石：褐黄色，稍密至中密，最大粒径40mm，多数10～30mm
12.0	7.0～20.0m为黏土：黄色，均匀，中密，湿，可塑至硬塑，光泽，干强度和韧性高，手不易捏变形；20.0～20.5m为粉砂：褐黄色至黄色，均匀，稍密至中密，饱和；20.5～21.5m为中风化粉砂岩，紫红，*RQD*=80%

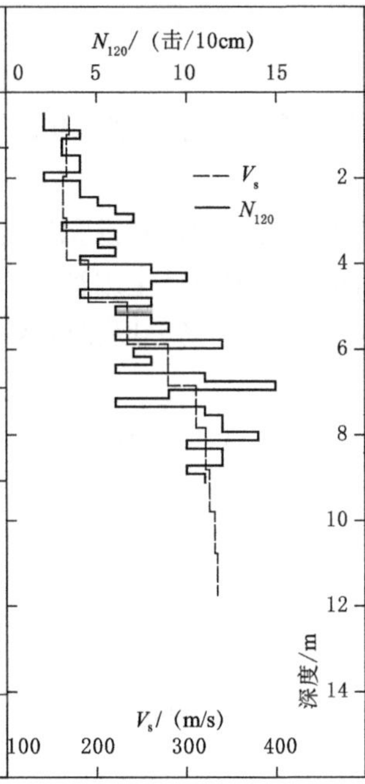

深度/m	V_s/(m/s)	N_{120}/（击/10cm） 深度/m	击数/击	深度/m	击数/击
1	168	0.1	2	续左	
2	165	0.3	2	5.7	9
3	161	0.5	2	5.9	6
4	165	0.7	2	6.1	12
5	189	0.9	2	6.3	7
6	233	1.1	4	6.5	8
7	279	1.3	3	6.7	6
8	310	1.5	3	6.9	11
9	321	1.7	4	7.1	16
10	325	1.9	4	7.3	9
11	331	2.1	2	7.5	6
12	334	2.3	4	7.7	11
13	332	2.5	4	7.9	12
14	339	2.7	5	8.1	12
15	353	2.9	6	8.3	14
16	357	3.1	7	8.5	10
17	343	3.3	3	8.7	12
18	330	3.5	6	8.9	12
19	342	3.7	5	9.1	10
20	362	3.9	6	9.3	11
		4.1	4	9.5	27
		4.3	8	9.7	10
		4.5	10	9.9	10
		4.7	8		
		4.9	4		
		5.1	8		
		5.3	6		
		5.5	8		

图 15-6　德阳市柏隆镇果园村“5·12”地震后勘察成果

（Ⅶ度；埋深 1.5～2.2m；水位 1.5m；液化点）

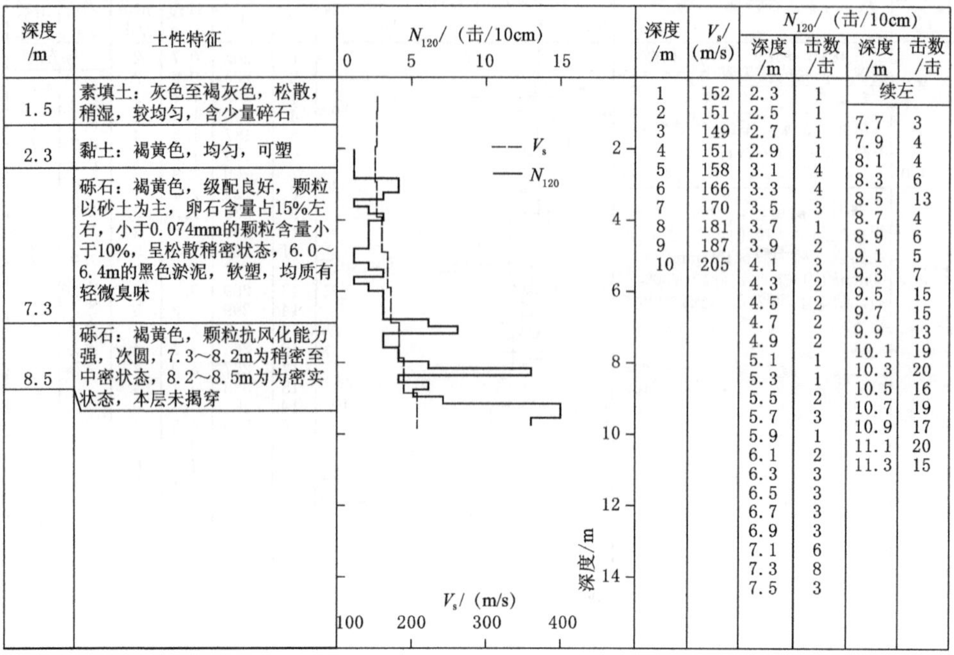

图 15-7 广汉市南丰镇昆庐小学“5·12”地震后勘察成果

（Ⅶ度；埋深 2.3～8.0m；水位 1.4m；液化点）

15.3 骨架型砾性土液化点再次地震液化预判

骨架型砾性土沉积在江河出山口附近的冲积洪积扇上缘，沉积物以卵砾石为主，由于河床坡陡水流湍急大粒径卵砾石沉积，细粒砂土多被水流携带向下游，仅有少部的砂土填充于卵砾颗粒间，形成卵砾石含量大于 60%，以卵砾为骨架，架间填充砂土的骨架型砾性土。

汶川地震骨架型砾性土发生在Ⅷ、Ⅸ度高烈度区。发生表象液化的代表性点有安仁村、祥柳村、永寿村、齐福小学、镇江村、松柏村。

经初判，安仁村、祥柳村、永寿村场地不再发生液化，齐福小学、镇江村、松柏村仍有液化可能，见表 15-3。

表 15-3 汶川地震骨架型砾性土再次液化综合判别成果表

液化点	烈度	盖层厚/m	地下水深/m	地层岩性	剪切波速 V'_s/(m/s)	“5·12”液化表象	比对判别结果	备注
绵竹市安仁村	Ⅸ	4.8	4.0	黏土夹砾石层厚 4.8m，卵石层厚 4.6m，>20mm 粒径占 75%，填充砂土	267	喷砂不同程度掩埋 70 余口民井，地裂缝发育，长度 50～100m	不液化	图 15-8

续表

液化点	烈度	盖层厚/m	地下水深/m	地层岩性	剪切波速 V_s'/(m/s)	“5・12”液化表象	比对判别结果	备注
德阳市祥柳村	Ⅸ	3.0	3.4	填土厚 3.0m/卵石层厚 4.4m/黏土层厚 1.9m/	233	300 多亩大面积液化，多孔喷砂冒水，喷高两个电线杆高（10m 以上）	不液化	
德阳市永寿村	Ⅷ	2.1	2.1	黏土层厚 1.0m/卵石层厚 11.2m，>60mm 粒径卵石占 60%以上	250	喷水冒砂严重，喷高达 10m 左右，喷出物以砂为主，见零星碎石	不液化	图 15-9
绵竹市齐福小学	Ⅷ	3.5	3.5	粉质黏土厚 2.8m/卵石充砂厚 2.4m，粒径大于 50mm 占 70%/砾石层厚 4.8m/卵石（Q_3）	180	喷水冒砂严重，教学楼右下沉 7.0cm，右下沉 3.0cm，D_{50}=22.0mm，4.8m 砾石液化	可能液化液化深 5.5m	图 15-10
什邡市镇江村	Ⅷ	0.9	0.9	粉质黏土厚 0.7m/卵石充填砂。粒径大于 20cm 占 70%	187	喷水冒砂，地基下沉达 10cm，一粮仓下沉并侧移	可能液化液化深 6.3m	d_s 浅，V_s 在范围值内
德阳市柏隆镇市松柏村	Ⅷ	0.8	0.8	填黏性土厚 0.8m/卵石充填砂层厚 10.2m，砾卵石含量约 85%/卵石（冰碛）4.4m 厚，为（Q_3）沉积	185	喷水冒砂含砾、卵石，震灾较严重，半个村农舍倒塌，液化加剧了灾情	可能液化液化深 6.0m	图 15-11

注 表中剪切波速 V_s'值源于曹振中、袁晓铭等统计。

骨架型砾性土在液化过程中初始液化表现当是砂土粒在骨架间位移即发生隐蔽液化，如果因为盖层厚，有效压力大或剪切波速不均匀等原因孔隙水压力没能超过非液化盖层压力，液化也止步于隐蔽液化。这一类的液化有多少还难以说清。

表 15-3 中，初判：土层均为全新世（Q_4）；临界深度值Ⅶ、Ⅷ、Ⅸ度烈度区分别取≥6m、≥7m、≥8m；剪切波速临界值Ⅶ、Ⅷ、Ⅸ度烈度区分别取≥180m/s、≥200m/s、≥230m/s，判不液化。延判：Ⅶ、Ⅷ、Ⅸ度烈度区埋藏深度分别取 5m、6m、7m，小于判容易液化，大于判可能液化；Ⅶ、Ⅷ、Ⅸ度烈度区剪切波速分别取 153m/s、170m/s、196m/s，小于判容易液化，大于判可能液化。

图 15-8 安仁村“5・12”地震 50～100m 长的地裂缝喷出细砂，夹杂砾石，全村 70 余口民井被液化砂夹砾石不同程度掩埋，喷出物以灰色砂为主，少见卵砾。

祥柳村“5·12”地震 300 亩范围内直径 3～4m、深 1～2m 坑陷 7～8 处，喷水高约 10m，液化严重，液化范围大、喷水高，液化深 7.4m。

该液化点液化范围大、喷砂面广而量大，但震后勘探并未发现砂土夹层。这种没有砂土层的场地，在地震液化中罕见十几米高喷水、携带大量砂土而未见卵石，仅卵石层填充砂难以喷出那许多。分析可能是卵石层中原有砂土夹层，地震液化喷水喷砂导致砂土夹层“流失”（也包括部分卵石间充填的砂土）、地面塌陷多处，且深达 1～2m。失去了砂土夹层及部分卵石间充填的砂土，卵石层也不再液化了。

图 15－9 永寿村“5·12”地震，该液化点喷水砂高在 10m 左右，V_s 值在水位 2.1m 以下至 4.0m$V_s \geqslant 267$m/s，5m 深以下 $V_s \geqslant 300$m/s。随深度增加 V_s 增加，规律性好，N_{120}击数随深度加深呈狼牙状，容易产生误判。

图 15－10 齐福小学“5·12”地震点，地下水 3.5m 以下卵石含砂层液化，室外大面积喷砂量较大，故液化深度可能达砾石层 5.2m 以下，深度可达 9m。地基液化，建筑物下沉 3～7cm。

图 15－11 松柏村“5·12”地震，液化点喷出物有大量砾石、卵石。以 V_s为主判液化深度 6m，图中显示在 8.3～13.1m，N_{120}仅 4～11 击也在判液化范围，因超重动探击数影响因素众多未作判别指标。

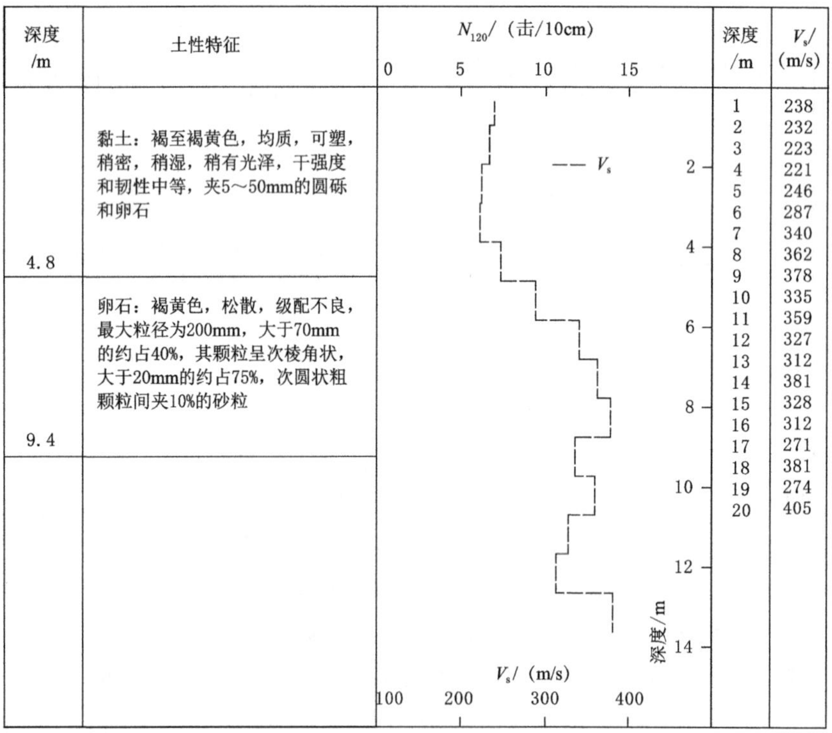

图 15－8　绵竹市兴隆镇安仁村“5·12”地震后勘察成果

（Ⅸ度；埋深 4.8～6.0m；水位 4.0m；液化点）

深度/m	土性特征
1.0	粉质黏土：灰色，均质，可塑，稍湿
12.2	卵石：灰色，稍密至中密，分选性较差，卵、砾石颗粒以石英质为主，坚硬，抗风化能力强，次圆状，最大粒径24cm，其中大于60mm的颗粒占60%，含有大量长度大于10cm的岩芯，大于40mm的约占80%，小于2mm的颗粒约12%，2～40mm的颗粒含量少，仅占5.5%，灰色砂粒主要充填在孔隙中

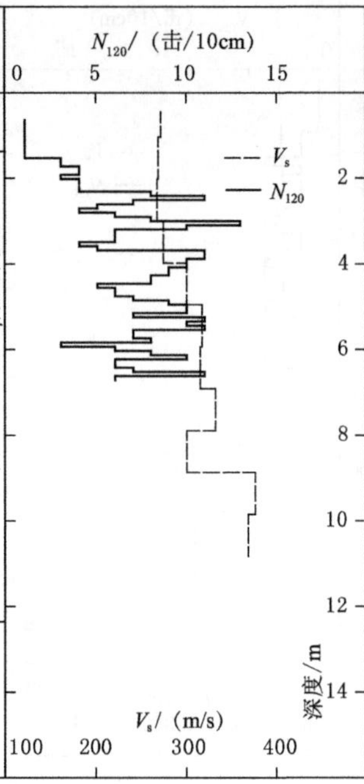

深度/m	V_s/(m/s)	N_{120}/（击/10cm）深度/m	击数/击	深度/m	击数/击
1	271	0.8	1	续左	
2	268	0.9	1	3.8	11
3	267	1	1	3.9	11
4	274	1.1	1	4	10
5	300	1.2	1	4.1	10
6	317	1.3	1	4.2	9
7	315	1.4	1	4.3	9
8	332	1.5	1	4.4	8
9	300	1.6	3	4.5	8
10	377	1.7	3	4.6	5
11	369	1.9	4	4.7	6
12	427	2	3	4.8	6
13	476	2.1	4	4.9	7
14	492	2.2	4	5	9
15	481	2.3	4	5.1	10
16	514	2.4	8	5.2	10
17	557	2.5	11	5.3	7
18	579	2.6	7	5.4	11
19	531	2.7	5	5.5	10
20	635	2.8	4	5.6	11
		2.9	6	5.7	7
		3	8	5.8	7
		3.1	13	5.9	8
		3.2	10	6	3
		3.3	6	6.1	6
		3.4	6	6.2	8
		3.5	6	6.3	10
		3.6	4	6.4	6
		3.7	5	6.5	6
				6.6	7
				6.7	11
				6.8	6

图 15-9 都江堰幸福镇永寿村“5·12”地震后勘察成果

（Ⅷ度；埋深 2.1～3.7m；水位 2.1m；液化点）

深度/m	土性特征
2.8	粉质黏土：褐黄色，均质，可塑，稍有光泽，干强度和韧性中等
5.2	卵石：灰色至灰黑色，松散，粒径最大为150mm，大于50mm的约占70%，其余为粗砂粒，颗粒次圆，抗风化能力强
	砾石：褐灰夹黄色，松散至稍密，最大粒径为40mm，大于2mm的颗粒约占70%
10.0	卵石：黄色，稍密至中密，最大粒径80mm，大于20mm的约占50%，其余多为粗砂，除部分灰白色砂岩和棕色砂岩风化外，其余抗风化能力强

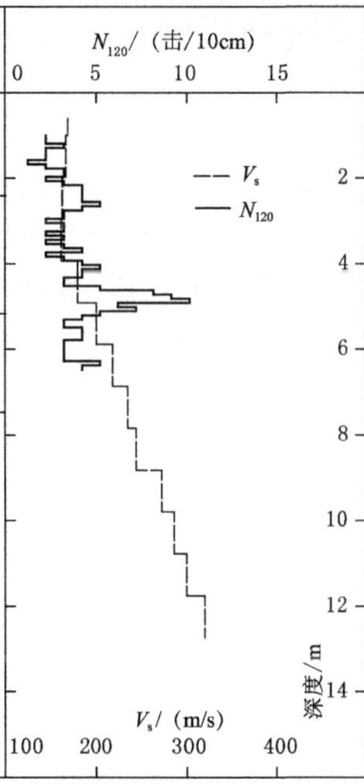

深度/m	V_s/(m/s)	N_{120}/（击/10cm）深度/m	击数/击	深度/m	击数/击
1	164	1.2	2	续左	
2	162	1.3	3	4.1	4
3	158	1.4	2	4.2	5
4	157	1.5	2	4.3	4
5	175	1.6	2	4.4	4
6	196	1.7	1	4.5	3
7	214	1.8	2	4.6	3
8	231	1.9	3	4.7	5
9	240	2	3	4.8	8
10	269	2.1	2	4.9	9
11	283	2.2	3	5	10
12	297	2.3	4	5.1	6
13	317	2.4	4	5.2	7
14	361	2.5	4	5.3	5
15	335	2.6	4	5.4	4
16	367	2.7	5	5.5	3
17	370	2.8	4	5.6	3
18	345	2.9	3	5.7	4
19	376	3	3	5.8	4
20	377	3.1	2	5.9	4
		3.2	3	6	3
		3.3	3	6.1	3
		3.4	2	6.2	3
		3.5	3	6.3	3
		3.6	2	6.4	3
		3.7	3	6.5	5
		3.8	4	6.6	4
		3.9	2		
		4	3		

图 15-10 绵竹市孝德镇齐福小学“5·12”地震后勘察成果

（Ⅷ度；埋深 3.5～7.0m；水位 3.5m；液化点）

深度/m	土性特征
0.8	素填土：灰色，稍湿，松散，较均匀，以黏性土为主，偶含卵石
	卵石：灰色至褐黄色，单粒结构，级配不良，粗砂，圆砾，卵石共占85%左右，细颗粒含量少，次圆，抗风化能力强，在5.3m处见约10cm的黄色细砂夹层
11.0	卵石：为剧烈风化的冰碛—冰水堆积物，杂色总体呈褐黄色，含棕色黑色等，级配不良，以卵砾石为主，颗粒最大15cm，多为2～5cm，充填物以黄色细砂为主，不含泥质，砾石主要为石英岩，花岗岩，安山岩等，呈次圆至次棱状，可见颗粒大多数呈剧烈风化，外形清晰，用手易捏成粉末
15.4	黏土：褐黄色，均质致密硬塑，含铁锰结核，韧性强

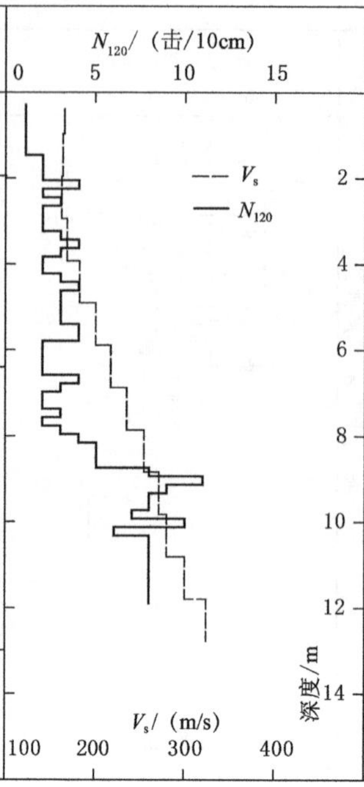

深度/m	V_s/(m/s)	N_{120}/(击/10cm) 深度/m	击数/击	深度/m（续左）	击数/击（续左）
1	164	0.5	1	6.3	2
2	162	0.7	1	6.5	2
3	161	0.9	1	6.7	2
4	167	1.1	1	6.9	4
5	181	1.3	1	7.1	3
6	199	1.5	1	7.3	2
7	216	1.7	2	7.5	2
8	234	1.9	2	7.7	3
9	254	2.1	2	7.9	2
10	271	2.3	4	8.1	3
11	280	2.5	2	8.3	4
12	300	2.7	3	8.5	5
13	324	2.9	2	8.7	5
14	329	3.1	2	8.9	5
15	339	3.3	2	9.1	8
16	371	3.5	3	9.3	11
17	381	3.7	4	9.5	9
18	378	3.9	3	9.7	8
19	402	4.1	2	9.9	8
20	426	4.3	2	10.1	7
		4.5	3	10.3	10
		4.7	4	10.5	6
		4.9	3	10.7	8
		5.1	3	10.9	8
		5.3	3	11.1	8
		5.5	3	12.1	8
		5.7	4	13.1	8
		5.9	4		
		6.1	2		

图 15-11 德阳市柏隆镇松柏村"5·12"地震后勘察成果

（Ⅷ度；埋深 0.8～8.3m；水位 0.8m；液化点）

15.4 过渡型砾性土再次液化预判

过渡型砾性土主要指小于5mm粒径颗粒含量不少于35%，不大于60%。介于类砂土型和骨架型之间的砾性土。此类土多沉积在冲积扇中上缘部位，由于河床纵坡变缓细粒砂土开始沉积，由上游沉积卵砾石较多向下游沉积砂土渐多，由室内震动平台试验证明含砾量35%～60%的过渡型砾性土多有渗透性小、密实度高、液化度高的特点。

汶川地震液化，收集到的此类土液化资料不多。本文选择天鹅村、胜利村、兴隆村三个液化点，依综合判别法进行预判。

初判与表 14-3 比对：

时代（Q_4）；剪切波速Ⅶ度烈度小于 180m/s，Ⅷ度烈度小于 220m/s；非液化盖层厚Ⅶ度烈度小于 6.0m，Ⅷ度烈度小于 7.5m；（密度指标和渗透指标无）判可能液化，进入延判结果见表 15-4。

天鹅村液化场地，0～3.0m 为黏性土；3.0～16.0m 为卵砾石层，卵石最大粒径约25cm，卵砾含量约 60%其余细颗粒填充。3.0～6.7m 填充物明显偏少，含砾卵石明显偏多。细粒见少，可能因液化已喷出地表。6.7m 以下植物胶包裹多呈长柱状，砂土充填于卵砾石空隙中，卵石有少量呈柱状，外观新鲜坚硬。判断液化深度范围 3～6.8m。以下植物胶包裹岩芯呈长柱状，充填物增多应属未液化层。该点土层描述及超重动探剪切波速曲线见图 15-12。

表 15-4　　过渡型砾性土液化综合判别成果

液化点名称	烈度	盖层厚/m	地下水深/m	地层岩性	剪切波速/(m/s)	"5·12"液化表象	比对判别结果	备注
彭州市天鹅村	Ⅶ	3.1	2.4	粉质黏土厚 3.1m/砾石层厚 4.9m，砂土占 35%～50%，灰色/卵石层在 8.0m 以下未见底	<160	砾石层液化喷水冒砂，地裂缝宽 2.0cm	容易液化 液化深 6.0m	图 15-12
德阳市胜利村	Ⅶ	2.4	1.9	填土厚 2.4m/卵砾层厚 6.0m，卵砾含量 23%～42%其余为砂土/卵石厚 1.1m/黏土 8.0m	>184	7～8 户农家喷水冒砂，厚达 1～2cm，见沉陷 5.0cm，隆起 10～20cm，墙体裂、未损坏	不液化	V_s'值大于临界值
绵竹市兴隆村	Ⅷ	4.0	2.4	粉质黏土 4.0m 厚/卵石层松散，大于 20mm 粒径占 60%其余为砂，厚 5.5m/卵石厚 4.5m 未见底	>186	喷出黄砂，量较大堵塞河道，地裂缝纵横发育错位 10～20cm，6 户农家院喷砂厚达 10cm	可能液化 液化深 6.5m	图 15-13

图 15-12 天鹅村液化场地，在深度 3.1～6.0m 剪切波速 134～159m/s，N_{120}值以2～5 击为主，判液化深度 3.1～6.0m，含砂砾石层液化，灰色砂土喷出地表。

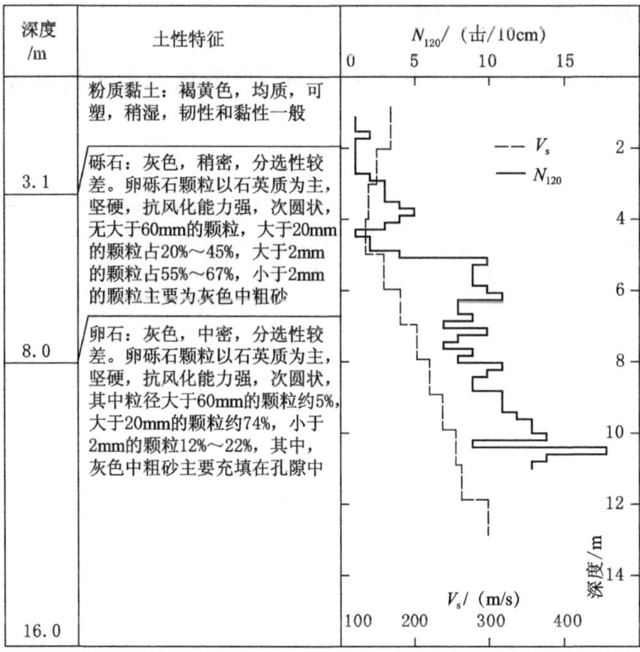

深度/m	V_s/(m/s)
1	168
2	168
3	149
4	138
5	134
6	159
7	181
8	204
9	221
10	239
11	257
12	265
13	301
14	319
15	331
16	376
17	398
18	399
19	438
20	500

N_{120}/（击/10cm）深度/m	击数/击	深度/m（续左）	击数/击（续左）
1.3	1	6.7	8
1.5	1	6.9	9
1.7	2	7.1	7
1.9	1	7.3	10
2.1	1	7.5	8
2.3	1	7.7	7
2.5	1	7.9	9
2.7	1	8.1	8
2.9	2	8.3	11
3.1	3	8.5	10
3.3	3	8.7	9
3.5	3	8.9	9
3.7	4	9.1	11
3.9	5	9.3	11
4.1	4	9.5	11
4.3	3	9.7	12
4.5	1	9.9	13
4.7	2	10.1	13
4.9	2	10.3	14
5.1	4	10.5	9
5.3	10	10.7	18
5.5	9	10.9	14
5.7	9	11.1	13
5.9	9		
6.1	10		
6.3	11		
6.5	8		

图 15-12　"5·12"地震彭州市丽春镇天鹅村震后勘察成果

（Ⅶ度；埋深 3.1～5.1m；水位 2.4m；液化点）

图 15-13 兴隆村地震液化点，喷砂多，4.0～10m 卵石层液化，第二层卵砾石风化应属 Q_3沉积，层顶是液化深度下限，该深度及以下 $V_s \approx 240$m/s，$N_{120} \geq 9$ 击。

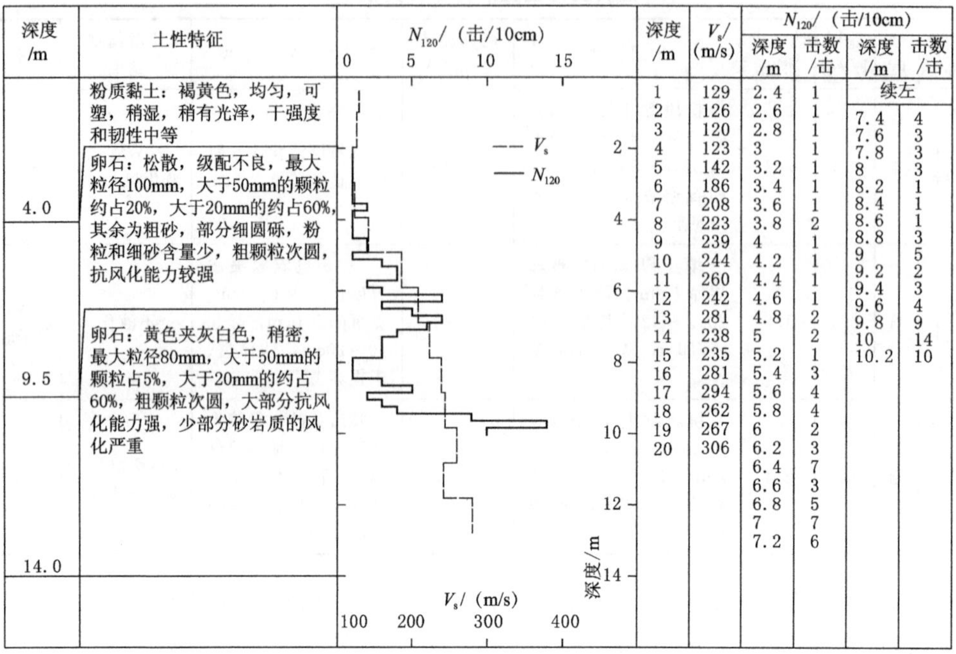

图 15－13　绵竹市板桥镇兴隆村“5・12”地震后勘察成果

（Ⅷ度；埋深 4.0～9.5m；水位 2.1m；液化点）

通过对 19 个液化点震后勘探测试资料综合液化判别，同烈度同场地再次判别结果见表 15－5。

表 15－5　　汶川“5・12”地震液化点综合判别再液化汇总表

砾性土类别	点数	烈度	判别结果			备注
			不液化	可能液化	易液化	
砂土型	7	Ⅶ	0	0	4	
		Ⅷ	0	0	2	
		Ⅸ	0	0	1	
类砂土型	3	Ⅶ	0	2	0	
		Ⅷ	0	1	0	
		Ⅸ	0	0	0	
过渡型	3	Ⅶ	0	1	1	
		Ⅷ	0	1	0	
		Ⅸ	0	0	0	
骨架型	6	Ⅶ	0	0	0	可能发生隐蔽液化
		Ⅷ	1	3	0	
		Ⅸ	2	0	0	
合　计			3	8	8	

表 15－5 显示：

（1）汶川“5・12”地震再次发生同强度地震，19 个液化点再次容易发生液化的 8 个场点，可能发生液化的 8 个场点，不液化的 3 个场点。总体而言再次发生同等强度地震再次液化的可能性较高。

（2）不液化的场点仅有 3 个，地处Ⅶ、Ⅷ度烈度区，属砂土型砾性土。

（3）骨架型砾性土再次液化可能性较高，多为隐蔽型。

（4）不论砂土还是砾性土发生过表象液化，有液化物喷出地表。

地震结束液化物重新沉积，改变了土层结构、土层颗粒组合、土的密度。严格讲，液化过的土层应当定为现代沉积。大多数液化点遇同等强度地震更容易液化了。

表 15－5 统计结果显示，砂土再次液化概率最高，骨架型砾性土最低。

第 16 章

汶川地震非液化点液化敏感地层段分析

汶川“5·12”大地震后中国调查团队邀请美国杨百翰大学教授 Youd 进行现场考查，选择了 31 个非液化点进行了钻探取样，现场超重型（N_{120}）动探、剪切波测试（其中 Youd 教授确定勘探点 12 个，包括 6 个液化点和 6 个非液化点）。

31 个非液化点中位于Ⅶ度烈度区 11 个、Ⅷ度烈度区 10 个、Ⅸ度烈度区 10 个。本书对资料比较多的 20 个场点进行了分析。与曹振中、袁晓铭团队给出的同烈度液化点剪切波速、动力触探击数、埋藏深度界限值及岩性相比对，发现非液化场点有的孔段与液化点基本相同，应判别为液化，但调查中并未发现喷砂冒水的表象。在 20 个资料齐全的非液化场点中有 10 个场点存在可判液化孔段，称为“敏感地层段”。

Ⅶ度烈度区的凌峰机械公司非液化点，由砾石、卵石、砂、黏土组成。深度 4.1～7.6m，圆砾层 N_{120} 击数 3～6 击，为易液化敏感段，见图 16-1。

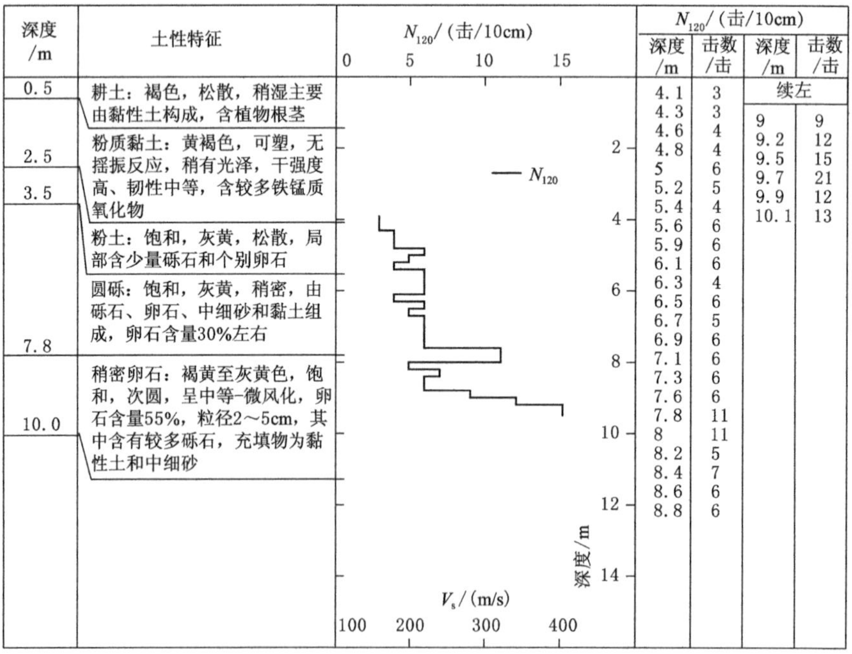

图 16-1　绵阳市凌峰机械公司“5·12”地震后勘察成果

（Ⅶ度；埋深 4.1～8.1m；水位 4.1m；非液化点）

Ⅶ度烈度区的秦家庙非液化点埋深3.6～5.0m为饱和砾石层，剪切波速174m/s，小于180m/s；3.6～4.5m N_{120}击数8击，小于9.0击，判3.6～5.0m为易液化属敏感地层段，见图16-2和表16-1。

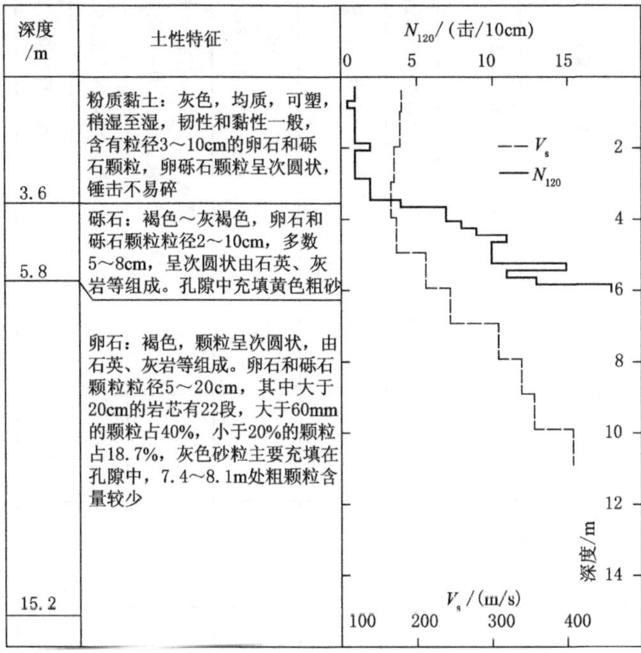

深度/m	V_s/(m/s)	N_{120}/(击/10cm) 深度/m	击数/击	深度/m（续左）	击数/击
1	181	0.1	1	5.7	11
2	179	0.3	6	5.9	13
3	172	0.5	1	6.1	18
4	168	0.7	1	6.3	35
5	174	0.9	0.5	6.5	28
6	213	1.1	1	6.7	20
7	245	1.3	1	6.9	19
8	309	1.5	1	7.1	16
9	340	1.7	1	7.3	9
10	357	1.9	1	7.5	7
11	409	2.1	2	7.7	5
12	446	2.3	1	7.9	8
13	488	2.5	1	8.1	7
14	509	2.7	1	8.3	17
15	370	2.9	1	8.5	14
16	367	3.1	2	8.7	12
17	364	3.3	2	8.9	18
18	363	3.5	2	9.1	20
19	363	3.7	4	9.3	15
20	529	3.9	7	9.5	6
		4.1	7	9.7	18
		4.3	8	9.9	15
		4.5	9	10.1	14
		4.7	11	10.3	25
		4.9	10	10.5	25
		5.1	10		
		5.3	10		
		5.5	15		

图16-2 郫县三道堰镇秦家庙"5·12"地震后勘察成果

（Ⅶ度；埋深3.6～4.8m；水位2.1m；非液化点）

Ⅶ度烈度的胜华村非液化点饱和砂层埋深2.3m，层厚5.2m，剪切波速在2.3～3.5m小于180m/s，也是液化敏感段。临界深度6.0m之内都可能液化。见表16-1。

Ⅷ度烈度区的制药厂非液化点深度3.4～7.4m、五方村的3.0～6.0m、金玉村的1.9～4.0m都是液化敏感段。见表16-2和图16-3～图16-5。

图16-4，埋深2.3～6.0m饱和卵石含少量砂，$V_s'<200$m/s，$N_{120}<8$击，当属可能液化的敏感液化层。

图16-5，埋深1.9m以下砾石层厚1.9～5.0m，$V_s'<200$m/s为敏感液化段；埋深1.9～4.7m，$N_{120}<14$击也属易液化层。

Ⅸ度烈度区的商职学校2.3～4.5m饱和卵石充填中粗砂、稍密，$N_{120}<9$击，当属易液化敏感段。金融大厦的卵石层由细砂充填、饱和，埋深2.7m，2.7～5.2m深$N_{120}<15$击也当属敏感段，见表16-3和图16-6、图16-7。

图16-6，埋深2.3～4.7m饱和含砂卵石层，$N_{120}<16$击，为敏感液化段。图16-7，埋深2.7m，稍密充填细砂层，埋深2.7～5.2m，$N_{120}<15$击，属敏感液化段。

资料比较多的20个非液化场点有10个存在敏感液化段，在地震中又没见喷水冒砂液化表象，如何解释该现象是不能回避的问题。

表 16-1　　汶川“5·12”地震Ⅶ度烈度区非液化场点基本条件和判别

序号	场点名称	烈度	地下水深 d_w/m	盖层深度 d'_s/m	临界深度 d_{sr}/m	岩土名称	剪切波速		动探击数		敏感段	判别
							界限值 V_s /(m/s)	实测值 V'_s /(m/s)	界限值 N_{120}/击	实测值 N'_{120}/击		
1	五郎村	Ⅶ	5	9	6	砾性土	180	209	9	9	无	非液化盖层厚度大于临界深。实测波速大于临界值，实测动探击数大于临界值，判不液化
2	雀柱村	Ⅶ	6	6	6	砾性土	180	260	9	7	无	盖层厚度与临界深相等，$V'_s>V_{sr}$，判不液化。但 N'_{120}低
3	胜华村	Ⅶ	2.0	2.3	6	粗砂（2.3～7.5）	180	163	9	—	2.3～6.0	d'_s浅与 d_{sr}，$V'_s<V_{sr}$，液化粗砂厚 5.2m，埋深 2.9m。判液化。6.0m 之内小于临界深度都有液化可能。上覆卵石层厚 1.7m，有隐蔽液化可能
4	嘉镇火车站	Ⅶ	6.1	6.1	6	砾性土	180	217	9	9	无	埋深与临界深相等，$V'_s>V_{sr}$，$N'_{120}=N_{120}$判不液化
5	馨艺幼儿园	Ⅶ	1.4	1.4	6	砾性土	180	—	9	<9	1.4～2.7	埋深浅，动探击数 N'_{120}低，判液化
6	机械公司	Ⅶ	4.1	4.1	6	圆砾	180	—	9	<6	4.1～7.6	岩性为圆砾，动探 $N'_{120}<N_{120}$判液化，见图 16-1
7	秦家庙村	Ⅶ	2.1	3.6	6	砾石	180	172	9	<8	3.6～5.0	$V'_s<V_{sr}$，$d_s<d_{sr}$，$N'_{120}<N_{120}$判液化，见图 16-2（砾石层埋深 3.6m 层厚 2.2m）
8	马家庙村	Ⅶ	2.4	2.4	6	砾性土	180	238	9	<9	无	埋深浅 $d_0<d_{sr}$，$N'_{120}<N_{120}$判液化，$V_{sr}>V'_s$判不液。以 V'_s为主判不液
9	石堤庙村	Ⅶ	4.0	4.0	6	砾性土	180	245	9	>13	无	V'_s大，N'_{120}大，判不液化
10	永胜村	Ⅶ	3.4	3.4	6	砾性土	180	261	9	>9	无	V'_s高，N'_{120}高，判不液化
11	白江桥	Ⅶ	3.0	3.0	6	砾性土	180	203	9	>9	无	V'_s高，N'_{120}高，判不液化

表 16-2　汶川“5·12”地震Ⅷ度烈度区非液化场点基本条件和判别

序号	场点名称	烈度	地下水深 d_w/m	盖层厚度 d'_s/m	临界深度 d_{sr}/m	岩土名称	剪切波速		动探击数		敏感段	判别
							界限值 V_{sr}/(m/s)	实测值 V'_s/(m/s)	界限值 N_{120}/击	实测值 N'_{120}/击		
1	南桂村	Ⅷ	4.7	9.8～11.9	7	砾性土	200	214	12	12	无	埋深大于临界值，$V'_s>V_{sr}$，不液化
2	制药厂	Ⅷ	3.4	3.4	7	砾性土	200	187	12	12	3.4～7.4	埋深小于临界值，剪切波小于临界值判液化
3	和平村	Ⅷ	3.7	9.6～10.8	7	砾性土	200	194	5	—	无	$d'_s>d_{sr}$不液化
4	八一村	Ⅷ	6.2	6.2～6.7	7	砾性土	200	247	12	—	无	$V'_s>V_{sr}$，$d'_s>d_{sr}$，不液化
5	永宁村	Ⅷ	1.4	12.0～10.2	7	砾性土	200	—	12	—	无	埋深大 $d'_s>d_{sr}$不液化
6	大乘村	Ⅷ	4.5	7.8～10.0	7	砾性土	200	—	12	—	无	$V'_s>V_{sr}$，不液化
7	民安村	Ⅷ	3.7	3.7	7	砾性土	200	255	12	1～9	无	$V'_s>V_{sr}$不液化，见图 16-3，$N_{120}<N_{120}$仅 1～9 击，异常低
8	五方村	Ⅷ	2.0	3.0	7	砾性土	200	196	12	2～8	3.0～6.0	埋深浅，$V'_s<V_{sr}$液化，$N'_{120}<N_{120}$，击数异常低，见图 16-4
9	火车站铁路线	Ⅷ	3.0	5.0～5.6	7	砾性土	200	235	12	—	无	$V'_s>V_{sr}$不液化
10	金玉村	Ⅷ	1.5	1.9	7	砾性土	200	186	12	1.0～8.0	1.9～5.0	埋深浅，$V'_s<V_{sr}$液化，N_{120}异常低，见图 16-5

表 16-3 汶川“5·12”地震液化九度非液化场点基本条件和判别

序号	场地名称	烈度	d_w/m	d'_s/m	d_{sr}/m	岩土名称	剪切波速		动探击数		敏感段	判别
							V_{sr}/(m/s)	V'_s/(m/s)	界限值 N_{120}/击	实测值 N'_{120}/击		
1	川木村	Ⅸ	8.0	9.2	8	砾性土	230	>258/9	16	<11	无	埋深大 $d'_s>d_{sr}$，$V'_s>V_{sr}$不液化，N'_{120}小异常
2	天齐村	Ⅸ	8.0	8.5	8	砾性土	230	>261	16	<9	无	$d'_s>d_{sr}$，$V'_s>V_{sr}$不液化 N'_{120}小异常
3	同林村	Ⅸ	2.0	9.4	8	砾性土	230	230	16	<10	无	埋深大 $d'_s>d_{sr}$，不液化 N'_{120}小异常
4	林法村	Ⅸ	4.0	4.0	8	砾性土	230	>312	16	>16	无	$V'_s>V_{sr}$不液化
5	商职学校	Ⅸ	2.3	2.3	8	砾性土	230	—	16	4～9	2.3～4.5	$d'_s<d_{sr}$，$N'_{120}<N_{120}$过渡型卵石层液化附图 16.6
6	金融大厦	Ⅸ	2.7	2.7	8	砾性土	230	—	16	4～15	2.7～5.2	$d'_s<d_{sr}$，$N'_{120}<N_{120}$判液化，附图 16.7
7	凯江桥	Ⅸ	0.8	0.8	8	砾性土（Q_3强风化）	230	—	16	<15	无	（Q_3）不液化
8	瑞康花园	Ⅸ	5.4	5.4	8	砾性土	230	—	16	>16	无	
9	紫坪村	Ⅸ	3.0	3.0	8	砾性土（Q_3中强风化）	230	—	16	<11	无	（Q_3）不液化
10	××招待所	Ⅸ	1.5	1.5	8	砾性土	230	—	16	<10	1.5～2.5	$d'_s<d_{sr}$，$N'_{120}<N_{120}$液化

深度/m	土性特征
1.4	素填土：褐色，稍密，稍湿，成分以卵砾石为主
4.2	卵石：褐黄色，松散，稍密，最大粒径40mm，大于20mm约占55%，其余为砂粒，粗粒次圆，抗风化能力强
4.8	粗砂：褐黄色，松散，稍湿至湿，含卵石，最大粒径30mm
11.3	卵石：褐灰色至灰色，松散至稍密，饱和，最大粒径为40mm，多数粒径5～30mm，大于20mm约占60%，颗粒呈次圆状

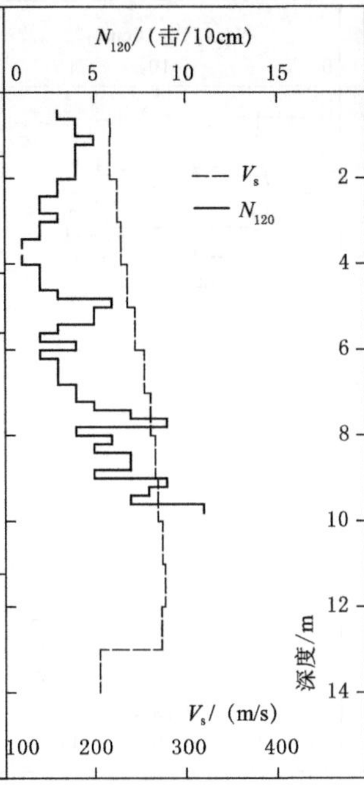

深度/m	V_s/(m/s)	N_{120}/（击/10cm）深度/m	击数/击	深度/m（续左）	击数/击
0	219	0.6	3	6	4
1	219	0.8	4	6.2	2
2	218	1	4	6.4	3
3	226	1.2	5	6.6	3
4	230	1.4	4	6.8	3
5	237	1.6	4	7	4
6	245	1.8	4	7.2	4
7	255	2	4	7.4	5
8	262	2.2	3	7.6	7
9	267	2.4	3	7.8	9
10	270	2.6	2	8	4
11	275	2.8	2	8.2	6
12	278	3	3	8.4	5
13	274	3.2	2	8.6	7
14	206	3.4	2	8.8	7
15	266	3.6	1	9	5
16	254	3.8	1	9.2	9
17	209	4	1	9.4	8
18	235	4.2	2	9.6	7
19	319	4.4	2	9.8	11
		4.6	2		
		4.8	3		
		5	6		
		5.2	5		
		5.4	5		
		5.6	3		
		5.8	2		

图 16-3 德阳市孝泉镇民安村“5·12”地震后勘察成果

（Ⅷ度；埋深 7.3～9.0m；水位 3.7m；非液化点）V_s'>218m/s，不发生液化

深度/m	土性特征
2.3	粉质黏土：灰褐色，稍湿，可塑，稍有光泽，干强度和韧性中等
3.0	卵石：灰色，松散，饱和，次圆，最大粒径90mm，大于20mm的约占60%，含泥质
11.0	卵石：灰色，稍密至中密，饱和，最大粒径为220mm，大于20mm的颗粒约占65%，级配差，砂粒含量少，中上部松散下部较密实
12.3	粗砂：黄色，中密，饱和含少量卵石

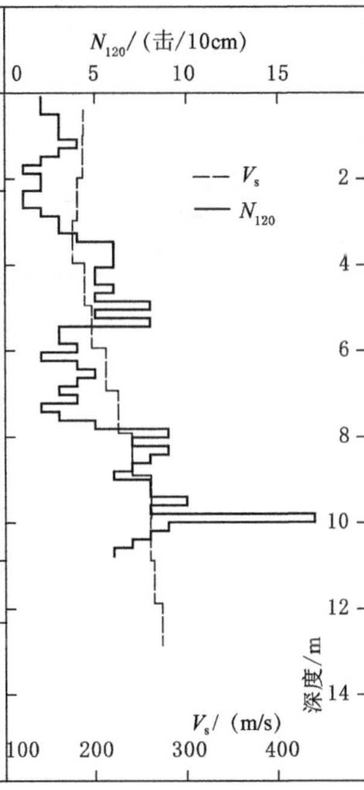

深度/m	V_s/(m/s)	N_{120}/（击/10cm）深度/m	击数/击	深度/m（续左）	击数/击
1	187	0.1	2	5.9	3
2	186	0.3	2	6.1	4
3	180	0.5	2	6.3	2
4	175	0.7	3	6.5	4
5	188	0.9	3	6.7	5
6	196	1.1	3	6.9	4
7	212	1.3	4	7.1	3
8	225	1.5	3	7.3	4
9	240	1.7	2	7.5	2
10	261	1.9	1	7.7	3
11	260	2.1	2	7.9	5
12	264	2.3	2	8.1	9
13	273	2.5	1	8.3	7
14	286	2.7	1	8.5	9
15	262	2.9	2	8.7	8
16	271	3.1	3	8.9	7
17	274	3.3	3	9.1	6
18	273	3.5	4	9.3	8
19	272	3.7	6	9.5	8
20	287	3.9	6	9.7	10
		4.1	6	9.9	8
		4.3	5	10.1	17
		4.5	5	10.3	9
		4.7	6	10.5	8
		4.9	5	10.7	7
		5.1	8	10.9	6
		5.3	5		
		5.5	8		
		5.7	3		

图 16-4 绵竹市什地镇五方村“5·12”地震后勘察成果

（Ⅷ度；埋深 3.6～5.6m；水位 2.0m；非液化点；2.3～6.0m 为敏感段）

深度/m	土性特征
1.9	粉质黏土：褐色，均质，可塑，稍湿
	砾石：灰色，稍密至中密，分选性较差。砾卵石颗粒以石英质为主，坚硬，抗风化能力强，次圆状，最大粒径30cm，其中大于60mm的颗粒超过50%，含有大量长度大于10cm的岩芯，其他粒组的含量分布比较均匀，含量均在5.0%左右，小于2mm的颗粒约13%

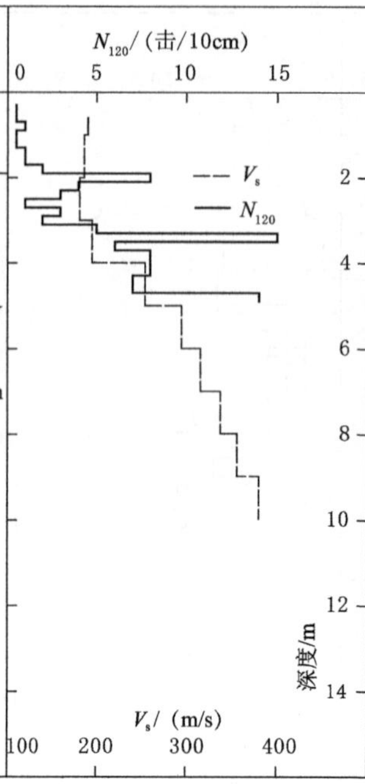

深度/m	V_s/(m/s)	N_{120}/（击/10cm） 深度/m	击数/击	深度/m（续左）	击数/击
1	190	0.5	0.5	5.7	12
2	186	0.7	0.5	5.9	11
3	181	0.9	1	6.1	11
4	195	1.1	0.5	6.3	11
5	254	1.3	0.5	6.5	9
6	295	1.5	1	6.7	14
7	316	1.7	1	6.9	13
8	338	1.9	2	7.1	15
9	356	2.1	8	7.3	17
10	380	2.3	4	7.5	44
11	408	2.5	3	7.7	29
12	444	2.7	1	7.9	28
13	504	2.9	3	8.1	22
14	511	3.1	2	8.3	13
15	537	3.3	5	8.5	19
16	537	3.5	15	8.7	20
17	592	3.7	6		
18	586	3.9	8		
19	586	4.1	8		
20	640	4.3	8		
		4.5	7		
		4.7	7		
		4.9	14		
		5.1	22		
		5.3	12		
		5.5	10		

图 16－5 都江堰天马镇金玉村“5·12”地震后勘察成果

（Ⅷ度；埋深 1.9～3.1m；水位 1.5m；非液化点）

深度/m	土性特征
0.5	人工填土：灰黑色，松散，主要由混凝土、卵石组成
2.1	粉质黏土：黄褐色，可塑，稍湿，含铁锰质浸染斑纹，底部含粉土及细砂团粒
4.7	稍密卵石：灰黄色，饱和，卵石含量50%左右，粒径多为3～5cm，卵石未能形成骨架，主要以中粗砂充填
9.0	中密卵石：灰黄色，饱和，次圆，其基本形成骨架，卵石含量大于60%，粒径为3～5cm，主要以粗砂砾石充填

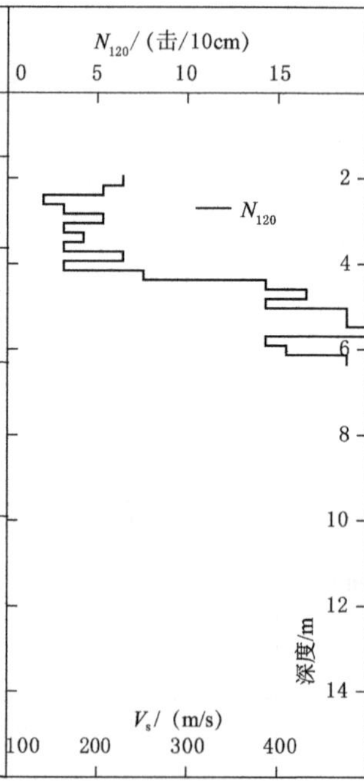

N_{120}/（击/10cm） 深度/m	击数/击	深度/m（续左）	击数/击
2.5	8	6.5	27
2.7	7	6.7	21
2.9	4	6.9	19
3.1	5	7.1	16
3.3	7	7.3	17
3.5	5	7.5	16
3.7	6	7.7	20
3.9	5	7.9	18
4.1	8	8.1	23
4.3	5	8.3	19
4.5	9	8.5	17
4.7	15	8.7	18
4.9	17	8.9	27
5.1	15		
5.3	19		
5.5	19		
5.7	20		
5.9	15		
6.1	16		
6.3	19		

图 16－6 都江堰工商职业学校“5·12”地震后勘察成果

（Ⅸ度；埋深 2.3～4.6m；水位 2.3m；非液化点；2.3～4.5m 为敏感段）

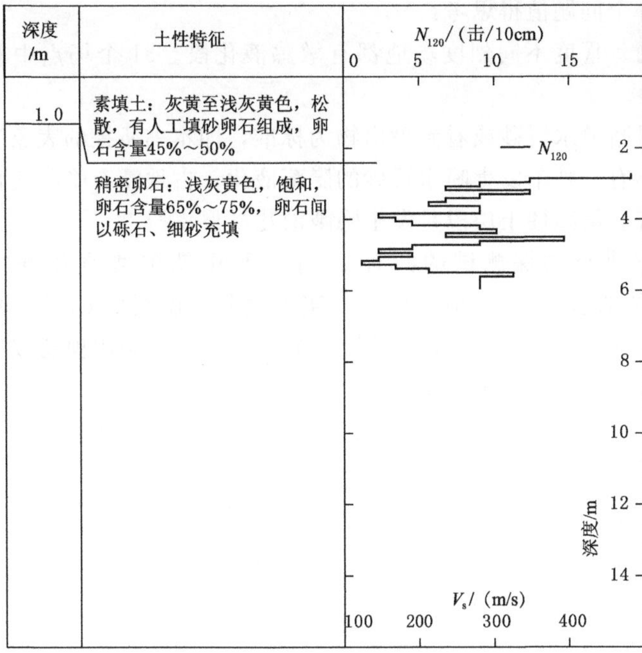

深度/m	击数/击	深度/m	击数/击
1.2	7	续左	
1.3	16	4	15
1.4	19	4.1	10
1.5	18	4.2	6
1.6	16	4.3	4
1.7	19	4.4	6
1.8	21	4.5	4
1.9	22	4.6	3
2	18	4.7	5
2.1	21	4.8	7
2.2	21	4.9	12
2.3	21	5	10
2.4	19	5.1	10
2.5	13	5.2	10
2.6	10	5.3	22
2.7	8	5.4	17
2.8	13	5.5	18
2.9	10	5.6	21
3	8	5.7	15
3.1	7	5.8	17
3.2	10	5.9	17
3.3	10	6	22
3.4	4	6.1	22
3.5	5		
3.6	6		
3.7	10		
3.8	11		
3.9	8		

图 16-7 灌口镇财政金融大厦“5·12”地震后勘察成果

（Ⅸ度；埋深 2.7～4.9m；水位 2.7m；非液化点；2.7～5.2m 为敏感段）

下面对非液化场点进行分析。

（1）骨架型砾性土敏感液化段。属于该类砾性土的场点：Ⅶ度烈度区有馨艺幼儿园；Ⅷ度烈度区有五方村、金玉村、制药厂；Ⅸ度烈度区有金融商厦。该类土液化发生是在地震应力作用下黏性土盖层下卵砾骨架间填充的饱和松散的砂粒在有限的骨架间移动。非排水液化细小颗粒发生位移已在室内实验证明。由于骨架结构有足够大的空间供砂粒位移，孔隙水压力升高缓慢，消散又快。故虽有液化发生却多隐蔽于地下。

非液化场点勘察集中于德阳西部罗江县、绵竹县、什邡市之间和成都市以西郫县至都江堰市之间，都在涢江、涪江上游，粗大的卵砾沉积居多，细粒砂土充填不多，隐蔽形液化多发于此应属正常。

（2）砂土、类砂土型砾性土敏感液化段。此类场点有Ⅶ度烈度区：胜华村盖层厚 2.3m，饱和砂土层厚达 4.2m，$V_s'=163m/s$，敏感液化段为 2.3～3.0m，当判液化，液化也有达更深可能。由于上覆砾卵石架空结构，下部为数不多的液化砂土向上移动有足够的空间，孔隙水压力未上升至超孔隙水压力便很快消散，至多有少量砂粒在盖层孔隙中移动，因此只发生了隐蔽液化。机械公司的 4.1～7.6m 深饱和圆砾、秦家庙村 3.6～5.0m 饱和砾石也属此类敏感液化段。

非液化场点各烈度区基本条件及敏感液化段见表 16-1～表 16-3 及图 16-1～图 16-7。

（3）过渡型砾性土液化敏感段。敏感段 1 段，可能液化敏感段 2 段。砾含量接近骨架型有发生隐蔽液化可能；含砾量少，当地震持续时间短，孔隙水压力未升到超孔隙水压力高度便开始消退也会发生隐蔽液化。

通过以上判别结果有3个问题值得思考：

(1) 非液化点在Ⅶ、Ⅷ、Ⅸ度不同烈度场地都有敏感液化段。31个场点中有10个，占1/3。

(2) 地震液化以人们目睹喷水冒砂或看到喷出物为标准，即本书所提的表象液化。古地震液化地质剖面启示，还有一种不发生喷水冒砂的隐蔽液化，古地震有隐蔽液化，汶川地震砾性土隐蔽液化也会有。敏感性土层段是发生隐蔽液化高概率段。

(3) 在31个非液场点进行动探测试的共有25个，其中超重型动力触探锤击数(N_{120})实测击数小于临界值的有16个，应判液化。实为误判，误判率64%。剪切波速测试点有20个，$V_s' < V_{sr}$判液化的场点有3个属误判，误判率15%，采用剪切波速值判别地震液化可靠度远高于超重型动力触探锤击数。

第 17 章

砾性土地基工程地质评价

汶川“5·12”大地震砾性土液化并造成了个别建筑物破坏。汶川“5·12”地震倒塌的房屋 536.25 万间，因地基液化破坏倒塌的寥寥无几。记载严重的当属板桥中心学校教学楼因地基液化下沉（最大 15cm）墙体和地板裂缝失去了使用功能，已拆除重建。白江村一座二层楼房倒塌、新新村二层楼破坏严重、龙泉村一座二层楼前面沉降 7cm，后面抬升 12cm，这些破坏也不完全是地基液化之故。

汶川“5·12”地震液化加剧了建筑物的破坏。与唐山地震、海城地震液化一样，市郊农村民房破坏比城市严重，丰乐村地震中有一半民房被破坏；梨花村、果园村、清凉村、松柏村都有较多的民房因地基液化而加剧了破坏。从总体来看，汶川地震液化灾害与海城、唐山、邢台地震液化相比还是轻得多。

就全国而言，砾性土分布面积也只是砂土的九牛一毛，更多的经济发展区还是在广阔的冲积洪积平原，液化研究防治的重点还是砂土分布区。

从汶川“5·12”地震液化分析，后果严重的是砾性土层中夹砂土薄层和类砂土层，地震中该类饱和松散土最容易液化，并多被喷出地表，改变了土层的物质组合和土层结构，最容易造成地表塌陷。

过渡型砾性土地基液化度较高，含砂量高，液化危害大，喷出砂多，地基沉降变形大。含砾量高液化度低的地基稳定性好。

骨架型砾性土，室内试验已经证明当含砾量达 60%以上，卵砾石骨架基本形成，粗大粒径的卵砾相互接触传递有效压力，具有较高的承载力和抗位移有效应力。虽然砂土在骨架间受振动容易发生位移，但更多的是隐蔽液化，对地基破坏甚小，即使发生了喷砂冒水，喷出的砂土量有限，改变不了骨架结构，对承载力和沉降变形影响不大。骨架型砾性土是优良地基，是砂土、淤泥质土各种软土地基换土的标准层。有防渗要求的土层，换土时砾卵石中掺入黏土也可起到良好的防渗效果。河北省东武仕水库坝基中有一层“石灰花”（俗称上水石）强透水层，防渗加固中挖去“石灰花”，就地取材回填取代了当地广布的冰碛红土泥砾，收到了良好效果。

第三篇

黄土液化

第 18 章

黄　土

本章主要介绍黄土的名称、黄土的分布、黄土的分类、黄土的主要特征。

黄土因其基本颜色为黄色而得名，常见的有淡黄、褐黄、灰黄、棕黄、红黄等。黄土与人类息息相关，它为人类生长出粮果，为人类承载起高楼大厦。作为建筑材料从秦砖汉瓦至今的水泥、黏土砖都离不开黄土。

黄土分布在陆地的表面大约占陆地面积的 1/10。我国是世界上黄土分布面积最广的国家，黄土分布面积约 64 万 km^2，其中“湿陷性黄土”约占黄土分布面积的 60%。黄土主要分布范围西起甘肃古浪东至太行山，北起长城南至秦岭。黄土地貌有梁、塬、峁与丘陵组成广阔的黄土高原。黄土像棉被一样覆盖在基岩上，厚度由数米至数百米。

我国黄土主要分布在北纬 35°～45°，正是半干旱、干旱气候带，雨少风多。黄土分布区北邻内蒙古大沙漠，数百万年以来风暴不断将砂土向南吹送，吹程可达数千公里。砂粒、粉粒、黏粒因其质量不同呈现出一定的分选性。靠近长城以粉粒为主含砂粒较多。向南至秦岭逐渐变为以粉粒为主含黏粒较多。这就是大多数学者认同的黄土风成学说。由于气候干湿变化，风力大小不同，在垂向上也呈现砂土层和古土壤夹层。

黄土最早生成至今有上百万年，由于富含的碳酸盐类矿物在黄土生成过程中起到胶结固化作用（有称固化连接键），使黄土颗粒间和孔隙骨架具有一定的强度。碳酸盐类矿物又具有水溶性，遇水溶解不但使土粒间结合力降低，也使骨架强度降低。据试验证明，饱和后的黄土抗剪强度降低达 50%以上。黄土体的大孔隙、垂直节理、落水洞是黄土特有的结构，固化连接键也是其固有特征。这些特征使黄土地震液化比砂土液化更加复杂了。

黄土特征复杂，又由于对黄土研究侧重不同，出现了对黄土的多种分类。

（1）从沉积特征分为：①原生黄土，由风积而成覆盖地表面未经移动；②次生黄土，原生黄土经流水、冰川、重力作用再次搬运沉积而成。

（2）按生成时代分为：全新世近期（Q_4^2）远期（Q_4^1）次生黄土（或称黄土状土）；晚更新世（Q_3）原生黄土或称马兰黄土，由风积而成；中更新世（Q_2）原生黄土又称离石黄土；早更新世（Q_1）黄土又称午城黄土。

（3）按湿陷特性分为湿陷性黄土和非湿陷性黄土，湿陷性黄土又分为自重湿陷性黄土和非自重湿陷性黄土。

黄土常见分类见表 18-1。

表 18-1　　黄土分类及特征表

<table>
<tr><th colspan="2" rowspan="2">时代</th><th colspan="2" rowspan="2">名称</th><th colspan="2" rowspan="2">成因</th><th rowspan="2">湿陷性</th><th rowspan="2">压密破坏①</th><th colspan="4">特征</th></tr>
<tr><th>颜色</th><th>古土壤</th><th>沉积环境</th><th>特征</th></tr>
<tr><td rowspan="2">全新世</td><td>近期 Q_4^2</td><td rowspan="3">新黄土</td><td>新近堆积黄土</td><td rowspan="2">次生黄土</td><td rowspan="2">冲洪积为主。坡积、冰水积也有见</td><td rowspan="2">一般具湿陷性</td><td rowspan="2">无</td><td>褐色
黄色
黄褐色</td><td>无</td><td rowspan="2">河漫滩，低阶地，黄土高地坡脚，山地冲洪积扇前缘，沟槽洼地</td><td>疏松，多虫孔和植物根孔，见白色钙网膜结晶，偶见瓦片朽木</td></tr>
<tr><td>早期 Q_4^1</td><td>黄土状土</td><td>灰黄色
褐黄色
黄色</td><td>无</td><td>具大孔系、虫孔、植物根孔、含少量小钙结核，偶有发现人类遗物，土质较均匀</td></tr>
<tr><td colspan="2">晚更新世 Q_3</td><td>马兰黄土</td><td rowspan="3">原生黄土</td><td rowspan="3">风积为主</td><td>具湿陷性</td><td>部分有</td><td>浅黄色
褐黄色
黄褐色</td><td>底部常见深黑色黑炉土</td><td>河流阶地，黄土梁、塬、峁上部</td><td>大孔、垂直节理发育，见虫孔及植物根，含钙核，土质较均匀。有姜石富集层。透水性弱～中等</td></tr>
<tr><td colspan="2">中更新世 Q_2</td><td rowspan="2">老黄土</td><td>离石黄土</td><td>上部部分土层具湿陷性</td><td>无</td><td>深黄色
棕黄色
黄褐色
浅红色</td><td>夹多层古土壤</td><td>河流高阶地和黄土梁、塬、峁中下部</td><td>土质较紧密，少有大孔，古土壤层下部钙核增多、粒径大，时见局部成层</td></tr>
<tr><td colspan="2">早更新世 Q_1</td><td>午城黄土</td><td>不具湿陷性</td><td>无</td><td>浅红色
棕红色</td><td>少见</td><td>梁、塬、峁下层，与第三纪红土或砂砾石接触</td><td>土质密实，无大孔，含钙核，柱状节理发育</td></tr>
</table>

① 压密破坏指在重力作用下黄土骨架被破坏，土的强度稍有增加，压缩性稍有降低（试验成果少）。

根据五个地区黄土颗粒组成，本书提出了按颗粒含量的黄土分类，见表 18-2。

表 18-2　　按颗粒含量的黄土分类

名　称	粒　组/%				液化度
	黏粒（<0.005mm）	粉粒（0.05～0.005mm）	砂粒（>0.05mm）	其他	
砂土质粉土型黄土	<10	≥65	≥20	5	较高
粉土型黄土	10	≥70	≥10	10	较高
黏土质粉土型黄土	≥20	≥65	≥10	5	较低

不同地区湿陷性黄土的颗粒组合见表 18-3。表中显示由北向南砂粒有逐渐减少、黏粒逐渐增多的趋势。

表 18-3　不同地区黄土颗粒分析百分含量及分类表

地区	粒组/%			类别
	砂粒（>0.05mm）	粉粒（0.05～0.005mm）	黏粒（<0.005mm）	
陇西	20～29	58～72	8～14	砂土质粉土型黄土
陕北	16～27	59～74	12～22	砂土质粉土型黄土
关中	11～25	52～64	19～24	黏土质粉土型黄土
山西	17～25	55～64	18～20	黏土质粉土型黄土
豫西	11～18	53～66	19～26	黏土质粉土型黄土
总体	11～29	52～74	8～26	

注　资料源于《工程地质手册》（第四版）。

第 19 章

黄土地震液化的研究

黄土液化是个有争议的课题，国内现行规范就有不同的规定。地方标准如《兰州市区建筑抗震设计规程》提出了黄土液化判别标准，但至今还未得到推广，研究和争议还在继续。黄土液化研究起源于 20 世纪 80 年代，1982 年美国 Prakash 取美国中部黄土状土进行动三轴试验，发现次生黄土具有振动液化特征，提出了饱和黄土状土起始液化轴向应变和孔隙水压力液化标准。

1984 年 Ishihara 根据苏联塔吉克斯坦 5.5 级地震诱发了上更新统 Q_3 黄土缓坡液化，四个滑坡体汇合成一巨大洪流滑动了约 2.0km，掩埋了 100 多栋房屋，造成重大人员伤亡，试验得知该黄土液限为 30%、塑限为 20%，含水率高达 40%，远大于液限。地震前黄土已经饱和且处于流塑状态，缓坡仍处于稳定状态，在地震发生时坡体才打破了平衡诱发了滑坡。

2008 年 5 月 12 日四川汶川发生了 8.0 级大地震，距离极震区约 200km 的甘肃省天水市清水县田川村发生了一个小型黄土滑坡，引起了一些专家学者的关注。其原因是：①滑坡发生在汶川地震划定的Ⅵ度烈度区；②滑坡体为 Q_3 黄土。

王兰民研究员亲赴现场调研，认定田川村的地震烈度应为Ⅶ度。从田川村受灾、建筑物破坏和发生地裂滑坡等现象改划为Ⅶ度是合理的。在邢台、唐山等大地震的等值线图中都能看到高烈度区中有局部低烈度区，也有低烈度区中有局部高烈度区。

专家学者对滑坡做了一系列勘察试验，认为是黄土液化诱发了滑坡。

2020 年是我国海原大地震 100 周年，为纪念这次世界级 8.5 级大地震，地震地质、构造地质、水文地质、工程地质、工程建筑多行业专业人士重返地震现场进行调研，其中以液化诱发滑坡为目的也进行了大量勘察试验工作。这次纪念活动出版了《一九二〇年海原大地震》《海原大地震诱发黄土滑坡图集》等，许多专家学者撰写了论文以示纪念，取得的成果是空前的，其中有不少黄土地震液化诱发滑坡的内容。

第 20 章

黄土地震液化的特点

黄土属于特殊土，独特的颗粒组合、大孔隙、垂直节理、落水洞组合成架空结构，高含碳酸盐类矿物，在沉积过程中形成钙质胶结（固化连接键）这些独特性使黄土地震液化不同于砂土和砾性土。

20.1 黄土具有地震液化势

黄土的颗粒组成主要是粉粒，其含量 52%～74%，粉粒加砂粒含量高，与粉土接近，液化度高。尤其粉粒含量高、质量轻，对震动和孔隙水压力敏感性高，液化势自然高。

饱和黄土的动荷载三轴试验结果：黄土的孔隙水压力变化特征，应力应变特征，证明黄土具有液化势。

为数不多历史大地震诱发的大滑坡记载的黄土液化多有片面性和不足。多被专业人士提到的黄土地震液化滑坡见表 20-1。

20.2 黄土液化未见喷水冒砂

砂土液化沿地裂缝喷水冒砂，震后留下小沙丘；砾性土液化地面留下砂土和砾卵石；海原大地震有沿地裂缝冒绿色、黑色地下水传说，多具深层地下水沿构造裂隙涌出特征。黄土液化没见到黄色泥土喷出地表。千年至今的大地震也未见有黄土液化喷水冒黄泥记载。究其原因主要是黄土液化条件比砂土、砾性土更苛刻，虽有液化之势但缺少液化之果。

20.3 黄土液化有阶段性

黄土的结构特征、固化连接键的作用、碳酸盐的溶解作用使黄土液化有了明显的阶段性，大致分为：

（1）孔隙水压力增长阶段。

（2）固化键溶解骨架破坏软化阶段。

（3）液化阶段（详细内容见后）。

表 20-1　Q_3黄土地震诱发滑移一览表

地点名称	地震级	坡角	规模	滑动面深度/m	滑动距离/km	地下水源及埋深/m	灾情	液化现象	评　述
印度尼西亚苏拉威西 2018 年大地震	7.7	≤1.5°	面积 0.3～1.4km^2	—	1.1 泥流	灌渠入渗，地下水位上升	房屋下沉，严重伤亡	大面积积水，喷砂冒水	表象喷水冒砂明显。黏质砂土渗入水流饱和液化，坡度仅 1.5°，饱和层浅有液化后滑动机制
甘肃省田川村汶川地震滑流（2008 年）	8.0	约 20°	—	黄土覆盖于红色基岩上	0.15	埋深较浅，但无具体数据	房屋破坏，人员伤亡	未见	滑坡为Q_3黄土，地下水较浅，地震烈度Ⅶ度。滑坡阻断溪水和道路。含水率 16.5%，塑限 15.9%，土体在可塑状态，未丧失抗剪强度，黏粒含量>30%不应发生液化
1989 年塔吉克斯坦Q_3黄土液化滑坡	5.5	—	大规模泥流，长距离滑动	5	1.5	灌溉渗水	四个滑坡汇集成泥流，房屋被埋，造成人员伤亡	未见	Q_3黄土含水率 40%，高于液限（30%），土体处于流塑状态，震前边坡仍稳定，稍有振动即发生流滑
1920 年海原大地震石碑塬大滑坡	8.5	≤5°	群体滑坡长 6km，宽 1.2～1.8km，体积约 153 万 m^3	14	—	约 12m（推测）	村庄被埋没，重大人员伤亡	未见	滑坡成群，位于清水河四级阶地，坡前缘为河谷陡坎。Q_3砂质黄土坎高≥20m，未见地下水出露
1303 年山西洪洞大地震	8.0	≈2°	在 20km^2 多的Q_3黄土塬范围内发生大规模滑坡，长 5km，宽 2.0km	≥10	较远	—	村庄被毁，重大人员伤亡	未见	年代久远，文献记载多描述灾情，少见液化描述。有文献记载的第一大震。村庄随滑坡滑数里，多被掩埋

续表

地点名称	地震级	坡角	规模	滑动面深度/m	滑动距离/km	地下水源及埋深/m	灾情	液化现象	评述
1695年临汾大地震，距1303年震中约40km。视为冈源地震	7¼	—	埋深20m，砂土饱和夹层滑动	≥20	较远	—	郇堡村被一分为二，重大人员伤亡	未见	记载不详，该滑坡滑动面是饱和砂层。实为砂层液化滑动，非饱和黄土
2013年甘肃省岷县大地震水光村滑坡	6.6	—	滑坡体体积约42万m^3	—	滑300m后顺沿河道又滑700m	—	重大人员伤亡	未见	黄土覆盖厚、山坡陡，震前降雨较多，主震90min后又发生5.6级地震在临潭—宕昌断裂带上
美国密西西比河1811—1812年大地震大滑坡、新马德里大滑坡为代表	8.0～8.5	—	密西西河改道形成多处海子，最大一处长64km宽800m。新马德里滑坡将房屋和水井滑到河对岸	可定性为深层整体滑坡	滑到对岸	—	严重	上万平方公里大范围喷砂冒水	密西西比河及支流大范围砂土液化，喷砂冒水，滑坡众多。地处世界三大黑土地之一的密西西比河流域，土质与黄土不同。深层滑动
华县1556年大地震郭家沟滑坡	8.0	—	郭家沟滑坡南北长1300m，东西宽550m，体积约300多万m^3	—	—	渭河地堑地下水浅	严重	地裂缝喷砂冒水。水从坼窦涌砂，没麦败田。河水涨，井泉溢	典籍多有记载本次大地震。其中地层液化现象记载清楚，西安市鄠邑区石井街道的郭家沟滑坡堵塞河道

20.4 滑流不是液化的主要表现

（1）海滨、湖滨地震时饱和土受震动析水软化沿岸边缓坡向水中滑流，其特点是无盖层，滑动体沿相对稳定土体介面滑动，不在黄土流滑之列。

（2）降雨使斜坡土体含水率增加，容重增加，下滑力增大，土体也随含水率增加抗剪强度减小，发生滑坡。雨后滑坡在山体丘陵区年年多有发生都与地震液化无关。

（3）滑动面深，超过液化临界深度的滑坡主要因素是强大的地震波震动作用于相对软弱结构面和适当的地形地貌组合而发生，与液化无关。

发生在黄土梁、塬、峁高原丘陵区的黄土地震滑坡，由于坎高沟深，地下水埋深大多在沟底以下，缺少液化必要的水源，很少有黄土液化诱发滑坡。

20.5 黄土地震液化研究特点

砂土地震液化是始于地震现场，发现喷砂冒水、地面下沉、建筑物倾斜、墙体裂缝甚至倒塌。震后现场调查勘探、原位测试、取样室内常规试验和土的动力测试，多种手段研究液化的机理和发生液化的界限指标，之后再回到现场从实践中逐步修正完善，这是一个完整科学的研究认识实践过程。

黄土地震液化诞生在试验室，在土的动力试验中发现黄土具有地震液化势。给出了判别液化的标准，室内的理论和标准必须回到实践中检验、完善、提高，当前的黄土液化研究似有缺少实践的环节。

黄土颗粒组成与粉土相近，黄土的大孔隙等架空结构又与骨架型砾性土相似。作者参照粉土和砾性土判别标准，提出了判别黄土地震液化的界限指标（详见第 22 章表 22 - 1）。

第 21 章

饱和黄土液化机理和影响因素

21.1　黄土液化机理及阶段

由于黄土具有明显的特征，所以振动液化也独具特征。

地震波在黄土介质中传播使黄土具备了势能。震级越高历时越长势能越高。饱和后的黄土抗剪力强度大幅降低。动三轴试验结果证明，随含水率增加达到了饱和时兰州黄土抗剪强度 C 值和 φ 值分别降低 50%和 70%，而黄土结构大部分还保留，说明 Q_3 黄土液化是先破坏骨架结构后发生的。

接受地震传递的势能孔隙水，敏感性高转换成动能快，孔隙水压比迅速升高，这一阶段就是前面介绍的孔隙水压升高阶段。抗压强度由于浸水饱和大幅度降低，受到孔隙水的动力作用黄土固化连接键消失，架空结构破坏，黄土软化，抗剪强度继续降低，地基承载力下降，这一阶段是前面介绍的第二阶段，称为骨架破坏软化阶段。不论盖层薄厚，在孔压作用下饱和黄土都有软化阶段发生，那些深层滑流大都是软化的黄土层形成的软土层发生的，孔隙水压继续作用，软化土进而变为流塑液态即发生液化，这一阶段是前面介绍的第三阶段，称为液化阶段。

黄土饱和液化是在有限的深度发生的，这个深度称为临界深度。由于地震波强度随深度增加速度比盖层厚度自重压力增加得慢，在一定的深度，地震波强度与盖层压力相等，这个深度就是临界深度，大于临界深度不发生液化。

21.2　影响黄土液化的主要因素

1. 黄土生成时代

可能液化的黄土主要指全新世（Q_4）黄土状土和上更新世（Q_3）马兰黄土。离石黄土（Q_2）和午城黄土（Q_1）属于不液化黄土。

2. 地震强度

地震的强度高、历时时间长、余震多液化就严重。美国 1811—1812 年密西西比河 8.5 级大地震，强度高、持续时间长，余震中有两次 8.0 级强震，强大的震动和长期余震，使密西西比河流域的液化面积达上万平方公里。

3. 黄土的颗粒组成

砂质粉土型黄土和粉土型黄土容易液化。粉粒含量加砂粒含量不小于 80%的黄土容易液化。

黏粒含量高的黄土不易液化，黏粒含量高的土内聚力高，可以有效地抵消孔隙水压力。根据水利行业标准：Ⅶ、Ⅷ、Ⅸ度地震烈度黏粒含量不液化的界限指标分别为≥16%、≥18%、≥20%。这个可以作为 Q_3 黄土不液化的参考指标。

4. 黄土的含水率

饱和黄土，含水率达到液限或液限以上，在振动作用下容易发生液化。塔吉克斯坦地震产生液化滑流的主要原因之一就是土体含水率 40%大于 30%液限才发生大规模长距离滑流。

含水率达到塑限的黄土仍然有一定的抗剪强度，含水率小于等于塑限不易发生液化。未饱和黄土不易液化。

5. 土层埋藏深度

前面讲了黄土液化在一定深度内发生，室内动三轴荷载试验结果证明盖层深度加深饱和黄土液化势减弱。当荷载 100kPa 时，振次 57 发生液化破坏；当荷载 200kPa 时，振动 70 次还未发生液化。试验证明，在一定深度液化势为零，不发生液化。

第 22 章

黄土地震液化判别

黄土的多项特征使黄土地震液化发生的条件苛刻复杂。无论历史还是近代缺少现场观测完整资料，而大多证明出自试验室，液化实例少之又少，故使判别难以满意。本书提出的黄土地震液化综合判别方法和标准仅是一次探索，供有兴趣者阅读讨论。鉴于黄土液化判别资料欠缺，判别还不宜过细，因此黄土地震液化仅分为容易液化和不易液化，也不再进行液化等级划分。

本章综合分析各种资料，结合黄土特征，提出黄土液化的界限指标，见表 22－1，供有兴趣者研究参考。

液化判别项目中有一项不满足，判不易液化。否则，判容易液化。

表 22－1　黄土地震液化判别表

判别项目	烈度			判别
	Ⅶ	Ⅷ	Ⅸ	
	界限值			
生成时代	Q_4、Q_3	Q_4、Q_3	Q_4、Q_3	容易，否则不易
黏粒含量/%	≤16	≤18	≤20	容易，否则不易
含水率	≥液限	≥液限 90%	≥液限 85%	容易，否则不易
埋深/m	≤7.0	≤9.0	≤12.0	容易，否则不易

问题讨论：

有一个回避不了的问题是这里 Q_3 黄土列为可能地震液化，现行标准中 Q_3 砂土却列入不发生液化之列。

唐山大地震路北区滦河二级阶地Ⅸ度烈度区 4.0m 埋深 Q_3 饱和砂土未发生液化。汶川地震也没发现 Q_3 砂土液化。国外也有 Q_3 饱和砂土不液化实例。Q_3 饱和黄土在动力试验中表现出了震动液化特征。Q_3 黄土与砂土在同一地震动应力作用下一个液化一个不液化，差别的原因难以说清。室内试验结果也是科学的应该被接受。本书认为 Q_3 黄土有震动液化机制，但现场验证缺少，故地震液化判别宜粗不宜细，可以先制定粗判标准，以后在实践中逐渐充实证据加以完善。

黄土具有大孔隙、垂直节理、形成骨架形结构，不均匀性影响标准贯入测试锤击数，不主张采用标贯击数作为判别黄土液化指标。声波波速实测资料欠缺，本书不提判别指标。

第23章

黄土地震液化流滑实例分析

本章提要：本章将对汶川8.0级大地震诱发田川村黄土流滑和海原8.5级特大地震诱发的石碑塬黄土流滑事件进行分析。

23.1 地震中诱发黄土流滑的主要条件

（1）强烈的地震动力：地震震级越高，延续时间越长，余震多且有强地震发生，诱发黄土滑移的可能性越大、造成的规模越大。

（2）有相对软弱结构面：黄土层下伏的基岩面、黄土层中的古土壤弱透水夹层、地下水潜水面、饱和砂土夹层或透镜体、黄土层中相对高含水率层，都可成为软弱结构面。地震中都容易成为滑裂面。

（3）有倾向一定的坡度：不论缓坡陡坡都有诱发滑移的可能。坡度越陡下滑力越大、稳定性越低。坡度越缓下滑力越小，稳定性越高。

（4）有一定高度的临空面和一定的空间：坡前临空面越陡越高越容易发生滑动；流滑前方沟谷有足够的空间，空间大才能容纳规模大的滑坡体。

23.2 田川村黄土地震滑坡分析

田川村位于甘肃省东南天水市清水县，距天水市秦川区仅十几公里，地面高差却有150m。天水市在盆地中，而田川村在渭北黄土梁半山腰之上。该村三面环沟，马兰黄土覆盖在第三系红色基岩上，属土/岩双层结构。黄土物理性质指标见表23-1。

表23-1　田川村 Q_3 黄土试验物性指标（王谦等）

取样点	取样深度/m	初始孔压比	含水率/%	颗粒组成/%			液限/%	塑限/%	塑性指标/%
				砂粒	粉粒	黏粒			
田川村	5	0.99	16.5	6.7	62.8	30.5	24.8	15.9	8.9

注　表中粉粒含量62.8%，大于0.075mm砂粒含量小于50%，塑性指数小于10%，属粉土。

该村有一间歇泉（高程不详），地下水埋深较浅。

2008年5月12日四川汶川8.0级大地震田川村处于Ⅵ度烈度区。地震中发生了小规

模 Q_3黄土滑坡。斜坡角平均 20°左右，滑动距离约 150m，滑坡体阻断了溪水和道路，地裂造成村中房屋破坏。

Q_3黄土滑坡发生在地震烈度Ⅵ度区，引起了不少专家学者的关注，王兰民研究员等到现场勘察，并确定田川村在汶川大地震中的地震烈度达Ⅶ度。经勘察测试分析，不少专家认为饱和黄土地震液化诱发了滑坡。

由表 23－1 可见：取样深度 5m，黏粒含量 30.5%属黏土质粉土，具有很高的凝聚力，属不易液化之列。

该黄土含水率 16.5%高于塑限含水率 15.9%，而低于液限含水率 24.8%，黄土处于可塑状态且偏于硬塑，还没达到软塑状，仍然具有较高的抗剪强度。故液化度不高。滑坡发生的原因不是黄土液化，而是具备了滑坡发生的主要条件。

（1）地震动应力强。Ⅵ度烈度区中发生局部Ⅶ度烈度，历次大地震都有发生。田川村黄土滑坡产生的最主要因素是地震的动力作用。

（2）斜坡较陡（坡度约 20°）。下滑力较大，稳定性不高。

（3）处于可塑性状态的黄土抗剪强度有一定降低，形成了相对软弱结构层。

（4）三面环沟形成孤立黄土塬。前缘河谷。既有临空面，又有一定的滑动空间。

黄土地区地震中滑坡由液化诱发的可能性较低。大多是在地震动应力作用下，在含水率较高、孔隙水压力上升阶段或结构破坏软化阶段发生滑动。因此见不到喷水冒砂的现象。田川村滑坡不是地震液化诱发的。

23.3 海原大地震石碑塬滑坡机理分析

23.3.1 石碑塬滑坡地质背景

石碑塬滑坡位于宁夏固原市（原属甘肃省）西北清水河四级台地营城河右岸（见图 23－1）。

滑坡发生在 1920 年 12 月 16 日海原 8.5 级特大地震中，发震断裂是海原断裂带（又名六盘山断裂带），西段走向：北西约 65°，东段走向：北西约 45°。海原县至固原市一段，凸向北东形成走向转折弧形，见图 23－1。

海原断裂带绵延约 200km，受西南印度板块挤压和亚欧板块抵御，断裂带长期积累能量并处于活动状态，于在 1920 年 12 月 16 日 20 点暴发了海原大地震，震中位于海原县西部甘盐池附近，震级 8.5 级，震中烈度Ⅻ度，震源深度 17km，持续时间 10min 左右。主震 9d 后又发生了一次 7 级强震，基本同源，余震持续数年之久。本次地震释放的能量相当 1976 年唐山大地震的 11.2 倍，是中国和世界罕见的特大地震。倒塌建筑无数，地震造成巨大人员伤亡和财产损失。

强烈地震沿海原断裂生成的次生断裂延续达 230km，大致可分为九段。在丘陵塬地，间断形成八个大小不等的拉分盆地。断裂带的地裂缝有张性断层、压性断层、张扭性断层、压扭性断层和鼓包等多种构造行迹。

海原大地震诱发的滑坡数量众多，据卫片分析约有 5000 多个，规模之大世界罕见。最大滑坡群滑坡体方量超过 6000 万 m^3。仅固原市统计约有 300 多个滑坡，滑坡面积占全

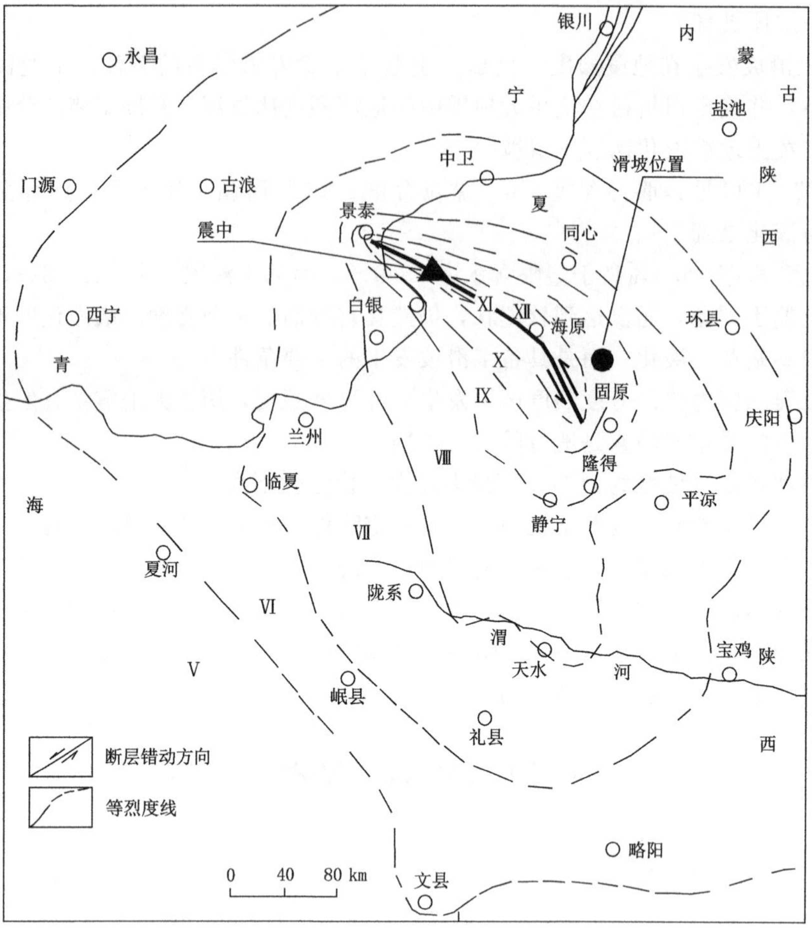

图 23-1　海原巨震烈度分布及石碑塬滑坡位置图

县总面积的 3%。

23.3.2　石碑塬滑坡的地形、地貌特征

石碑塬滑坡地处清水河四级阶地，滑坡体为三面环沟的孤立黄土梁塬。台面平缓，坡角 3°左右，东高西低，南高北低，总体倾向西北。滑坡体东西宽 1.2～1.8km，南北长约 6km，面积约 $9km^2$，滑坡体体积约 153 万 m^3。黄土梁塬前缘为营城河右岸陡坡，高出河床 20m 左右。对面河谷宽阔，为滑坡长距离滑动提供了空间。斜坡、临空面、河谷宽阔是大型黄土塬滑坡发生的必要地形地貌条件。

23.3.3　石碑塬滑坡的地质特征

石碑塬滑坡为上更新统 Q_3 黄土层滑坡，场区地层岩性见图 23-2，自上而下依次为：

(1) 上部晚更新世黄土（马兰黄土），厚约 25m。

1) 上部黄土层厚约 7.0m。

2) 第一古土壤层厚约 4.0m。

3) 砂质黄土层厚约 1.5m。

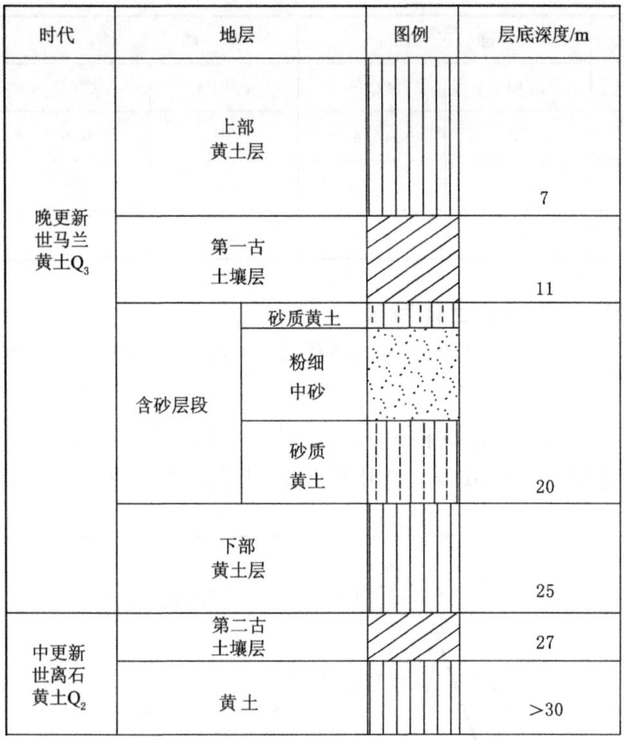

图 23-2 石碑塬滑坡区土层柱状图

4）粉细砂、中砂层（不纯净）厚约 3.0m。

5）砂质黄土层厚约 4.5m。

6）下部黄土层厚约 5m。

（2）下部中更新统黄土，厚度大于 30m。

1）第二古土壤层厚约 2.0m。

2）黄土层未揭穿，层底厚度大于 30m。

石碑塬滑坡砂质黄土层物理力学试验成果见表 23-2、表 23-3。

滑坡区的地下水主要赋存于砂层及砂质黄土层，水位埋深 5～20m，一般为 8～15m（石碑塬滑坡发生已过 100 年，分析当年的地下水特征极其困难）。

表 23-2　　石碑塬滑坡土的物理性质表

土　层	颗粒组成			平均粒径 D_{50}/mm	相对密度 D_r/%	干重度 r_d/(kN/m^3)	孔隙比 e	塑性指数 I_p
	砂粒	粉粒	黏粒					
砂质黄土（上）	23	53	24	0.017	78	14.0	0.9	11.3
砂土	58	26	16	0.070	67	16.0	0.67	
砂质黄土（下）	28	52	20	0.030	82	13.8	0.91	7.7

表 23-3　石碑塬滑坡土的力学性质表

土层	静三轴		动三轴		最大动模量 E_{dmax}/MPa
	c/kPa	φ/(°)	c/kPa	φ/(°)	
砂质黄土（上）	29	16.4	30	5.6	137.0
砂土			30	8	64.5
砂质黄土（下）	35	15.9	43	4	93.5

23.3.4 石碑塬滑坡滑动后的土体特征

石碑塬滑坡发生在 100 年以前，场地条件今非昔比，难以复原。现今的滑坡体总体呈现破碎形态，见图 23-3。

据白铭学等在滑动后的土体探槽剖面图显示，滑坡体裂隙发育，在滑动层砂质黄土及砂土层层位混乱，裂隙中见充填砂，呈脉状。个别裂隙深度约 30m，见图 23-3。

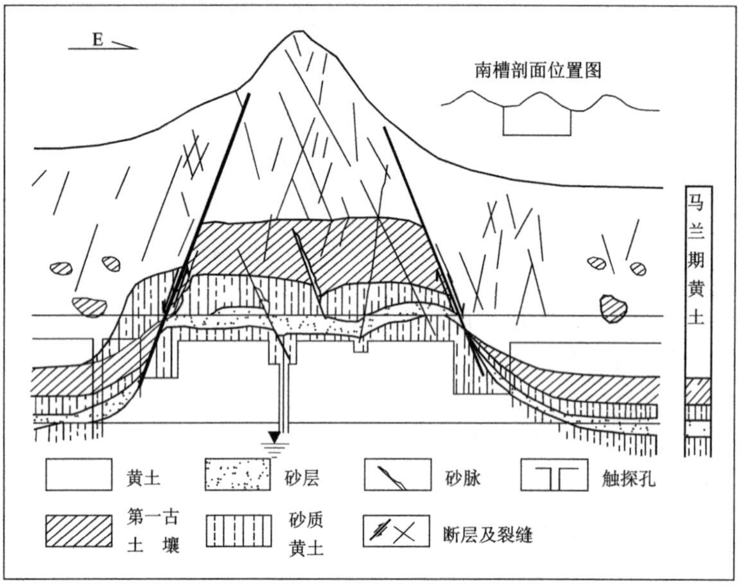

图 23-3　石碑塬滑坡体探槽剖面示意图

23.3.5 石碑塬上更新统黄土层滑坡与液化的关系

本书从滑坡发生是黄土层液化引起和不是黄土层液化引起两个相反方面阐述。

(1) 石碑塬滑坡土层液化是主要因素。目前对石碑塬滑坡成因，以上更新统马兰黄土层地震液化为主要诱因已成为不少学者的共识，主要依据有：

1) 室内动力试验证明了马兰黄土在震动荷载作用下发生了液化。

2) 形成了滑坡体滑动面上下土层结构破坏，留下的众多大小不同相互穿插的地裂缝、砂脉、挤压碎块，与宁夏、西安多处发现的全新世砂土隐蔽液化形成的多条紊乱形态类同。

3）缓倾角斜坡稳定性高，在强烈而历时长的地震作用下，饱和土层强度降低有诱发液化的动力和时间，存在液化的可能。

（2）石碑塬滑坡发生的原因不是砂层液化。

1）滑动层特征：饱和砂质黄土黏粒含量20%～24%，埋深大于11m，有较高的抗液化作用；砂土层埋深大于12m，生成时代为上更新世，历次大地震还没有发现这个时代的砂土层液化。

2）在滑坡发生许久以后取样进行动力试验，试验确定的液化阈值可能存在偏差。

3）滑坡体在地震波作用下，形成压缩性、张裂性多种裂缝，也可搅乱地层形成卷曲、波浪各种形态，还可兼有较硬的土层（如古土壤层）搅成碎块挤入相邻土层和砂层。

23.4 对黄土层地震液化的总结

（1）石碑塬1920年大地震诱发的上更新世土层滑坡，滑动层为砂质黄土，深度12m左右。滑坡体数百米滑距产生挤压、张拉形成了层位错乱及多种乱象形态。滑坡体长距离滑动向下产生的刨蚀作用，使滑动深度加深至砂层。滑坡体的滑动使其上部古土壤层破碎。滑坡体滑动距离越远，破坏的土层越厚，土体结构越紊乱。

（2）滑坡形成的主要因素：一是高强地震作用；二是有利的地形地貌条件；三是饱和或高含水率土层形成了软弱结构面。

（3）上更新世黄土层具有震动液化势。更多的滑移可能发生在土层液化之前。

（4）坡度缓，埋深浅，饱和，砂粒、粉粒含量高的黄土区，容易发生振动液化。

第 24 章

海原大地震诱发黄土滑坡浅析

本章对海原大地震中固原县、吉西县、海原县、静宁县、彭阳县等 200 个滑坡进行了概略分析。首先根据滑坡特征，按滑坡体平均厚度、原始倾角、滑坡体高度、滑坡体体积进行了分类，分别见表 24-1～表 24-4。

表 24-1　按滑坡体平均厚度分类

名　称	厚度/m	备　注
浅层滑坡	≤10	指滑坡体现状
中深滑坡	11～24	
深层滑坡	≥25	

表 24-2　按原始倾角分类

名　称	倾角/(°)	备　注
缓倾角滑坡	≤10	指滑坡体现状
中倾角滑坡	11～24	
陡倾角滑坡	≥25	

表 24-3　按滑坡体高度分类

名　称	高度/m	备　注
低台滑坡	≤50	多为 1～2 级台地
中台滑坡	51～99	4～5 级台地
高台滑坡	≥100	6 级或以上台地

表 24-4　按滑坡体体积分类

名　称	体积/万 m^3
小型滑坡	<50
中型滑坡	50～500
大型滑坡	500～1000
特大型滑坡	≥1000

对 200 个滑坡按上述分类统计如下：

（1）浅层滑坡 41 个，32 个在地震烈度Ⅸ度区（占 88%），9 个在Ⅷ度区。

（2）缓倾角滑坡 5 个，中倾角滑坡 76 个。

（3）高台滑坡大于 100m 的 84 个，其中大于 150m 的 15 个。最高台的李俊乡李俊滑坡台塬高达 200m。

（4）大型滑坡 37 个。

（5）特大型滑坡 19 个。如：震湖乡王坪村 2 号特大黄土滑坡坡长 1480m、宽 360m、平均厚度 25m，体积 1332 万 m^3，原始坡高 160m。

各类滑坡情况详见附录 6。

最可能发生液化滑坡的是浅层和缓倾角两类。浅层小于液化临界深度饱和黄土液化度高；缓倾角饱和黄土稳定性高留给发生振动液化的时间长，液化度也高。这两个条件都满足的饱和黄土在 200 个滑坡中只有甘岔村张家湾组 1 号滑坡。

海原大地震滑坡绝大多数发生在黄土层。也有少部分发生在软弱岩层中。如：蒿艾里大滑坡发生在白垩系砂页岩中，谢家荣 1920 年调查后对该滑坡有如下描述：居清水河上游其东南十里为李俊堡。两山合崩阔约 800m，长亦如之。山上黄土之下有红色及绿色页岩，砂岩中多石膏。崩下一部分石质与黄土混杂，石块甚大，将河道一段长 800m 完全壅塞。

本书将 200 个滑坡按四个类别组合成一个名称，每个名称大致可以反映滑坡的基本特征。

例如：某滑坡体平均厚度 15m，原倾角 30°、台高 80m、滑坡体积 1600m^3，组合名称为：中深陡倾中台特大型滑坡。详见附录 6。

附录 1

循环劈裂式充填灌浆技术

（注：河北省水利水电石家庄勘测设计院完成）

前　言

20 世纪 60 年代末，河北省针对众多堤防存在的裂缝多、鼠洞多、碾压密实度低，展开了群众性土法上马的堤坝纯压式充填灌浆。仅滹沱河北大堤在 1973—1976 年安平县、饶阳县、深泽县 72.458km 堤段投入的工作量：造孔 50.53 万，灌入泥浆 4.198 万 m^3，平均每孔灌 $0.083m^3$/孔，虽有一定成效，但还没有达到预期结果。20 世纪 70 年代末至 80 年代初，山东、湖南运用劈裂灌浆加固堤坝取得了显著成就。总结纯压式灌浆的缺陷，学习劈裂灌浆经验，通过现场对比灌浆试验和生产实践，总结出了《循环劈裂式充填灌浆技术》，从灌浆工艺、技术理念、控制标准、设备改造都有明显改进。提高了隐患堤防处理质量，缩短了工期，降低了成本。

本技术在 1993 年提出至今已有 30 年，经过实践检验认为已比较成熟，相似工程处理可以参考使用。

1　循环劈裂式充填灌浆机理

循环劈裂式灌浆是利用高压循环浆液的压力将堤（坝）体或地基内三向受力中垂直最小主应力的方向劈裂成缝。以浆液为载体以裂缝为通道，把压力传向裂缝前缘，使之加长，同时传向缝壁，使之加宽，通过最小主应力垂向裂缝贯穿堤坝横向裂缝和孔洞，把浆液充填其中，阻断堤坝渗漏通道，达到消除隐患目的，见附图 1-1。

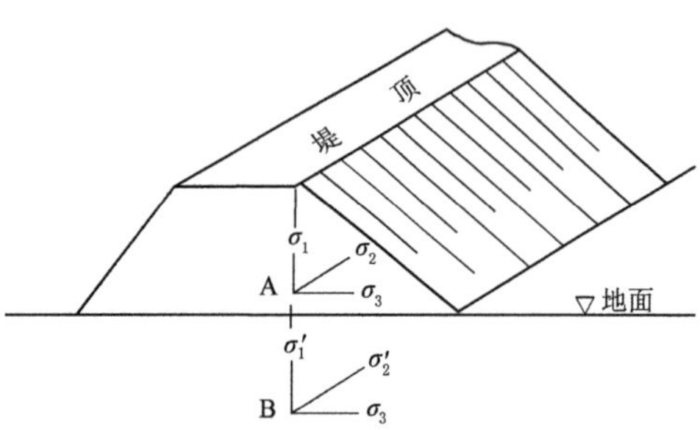

附图 1-1　循环劈裂式充填灌浆应力作用图
A、B—注浆管出浆端点；σ_1、σ_2、σ_3—A 点 3 个主应力；σ_1'、σ_2'、σ_3'—B 点 3 个主应力

3 个主应力 $\sigma_1 = rh$、$\sigma_2 = K_{A1}rh$、$\sigma_3 = K_{A2}rh$；

$\sigma_1 > \sigma_2 > \sigma_3$ 同理，$\sigma_1' > \sigma_2' > \sigma_3'$；

σ_2 或 σ_2' 作用方向与堤坝轴线相同，视为无限长。

2　循环劈裂式充填灌浆的最显著特点

（1）灌浆的始终，浆液保持循环流动高压状态，保证孔内无沉淀。

（2）供浆连续不间断（改变了停停灌灌的方式）。

（3）供浆压力不限。

（4）供浆量不限。

3 灌 浆 控 制

3.1 灌浆孔距、排距

根据堤防隐患情况确定，一般单排以3.0m为好，多排可加大至4.0m。当轴向劈裂缝搭接率偏低或处在堤坝转弯部位应适当减小孔距。

多排孔呈梅花形布置，排距不宜大于孔距。

3.2 主要设备

（1）钻机：以满足成孔要求和打入、起拔套管功能。回转、冲击钻机均可。以功能齐全，移动灵活，轻便为好。

（2）制浆机：应满足用量和浆液质量要求。河北省水利工程局曾使用两台卧式电动对打式$2m^3$搅拌制浆机。

（3）泥浆泵：常用200L/40kg、250L/50kg（需满足供浆量和压力要求）。

（4）高压胶管、普通胶管：满足施工长度要求和压力及衔接要求。

（5）压力表：0.04～0.6MPa，若干。

（6）套管（护壁管）：与钻头直径相匹配，满足施工循环使用。

（7）循环止浆设备：见附图1-2（已有多种方法）。

（8）流量表：满足量程比和范围度要求。

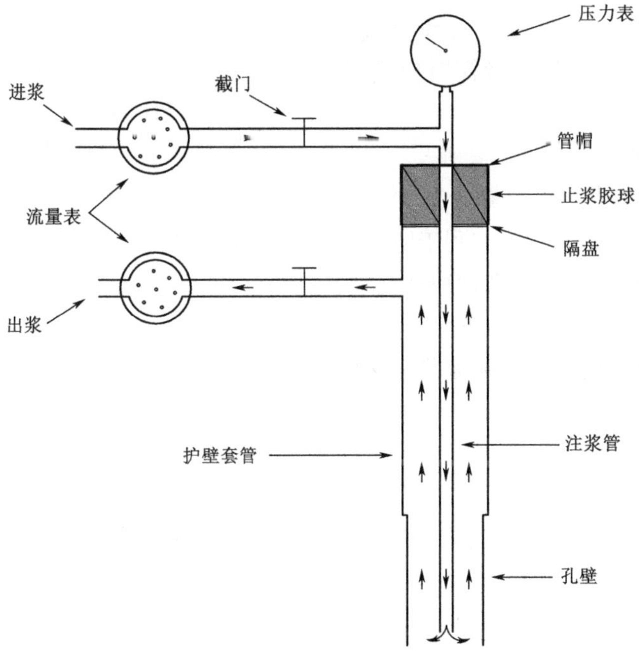

附图1-2 循环劈裂式充填灌浆孔口装置图

3.3 工作流程

（1）造孔装配：按钻孔要求超前成孔5～10个（超前钻孔有诱导堤、坝轴向劈裂功效），分别打入套管戴好管帽，防止灌浆时钻孔串浆、跑浆。

（2）安装灌浆设备并进行灌浆各项设备检查。

（3）用清水或稀浆冲孔清除孔内残留物。

（4）供浆。见附图1-3。

灌浆施工应避开汛期和冰冻期。

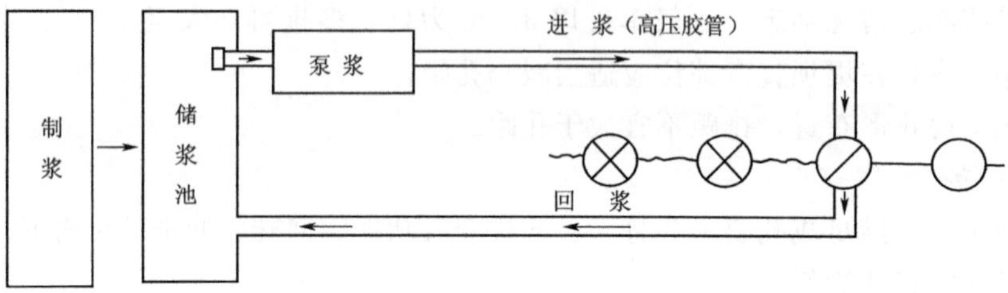

附图1-3 循环劈裂式充填灌浆流程图

～～ 劈裂缝；⊗ 已灌孔；⊘ 正灌孔；○ 未灌孔

3.4 钻孔

（1）以回旋或冲击钻成孔，孔要垂直，孔壁要完整，孔口不易成喇叭形。

（2）孔径 $\phi=91\sim110$mm，要保证孔径与套管匹配，套管直径稍大于孔径，有利于打入顺利并可达到止浆目的，见附图1-4。

（3）开始灌注前，清洗孔内残留或泥浆，冲洗一般不少于5min，钻孔较深时应适当延长时间。

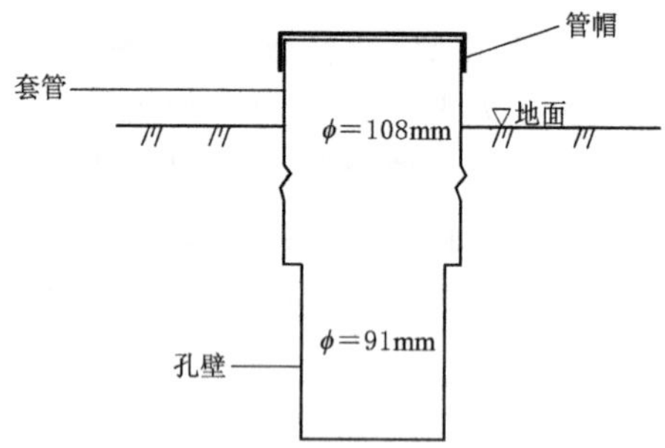

附图1-4 套管（护壁管）与钻孔匹配图

3.5 套管、注浆铁管

套管深度大有利于劈裂缝由深至浅发生、发展和扩大灌浆范围，同时也有利于防止灌浆孔口孔壁漏浆。在确保孔口孔壁不漏浆前提下，套管长不宜小于3.0m（孔深应适当加长）。

注浆铁管管径为1.0～1.5英寸。

注浆铁管长度：堤（坝）体灌浆，深度宜在堤高+0.5m位置。堤坝地基灌浆宜深入目的层内不小于0.5～1.0m。

3.6 浆液要求

制浆土为黏性土。

（1）黏粒含量10%～20%为宜。黏粒含量过高制浆耗时多，过少易土水离析，影响灌浆效果。

（2）水土比1∶1～1∶1.5。

（3）浆液密度1.4～1.6g/cm^3。注浆量明显增大时，应及时增加泥浆密度。

3.7 灌浆顺序、灌浆次数

由一侧起始，依次沿堤（坝）轴向向另一侧灌注。

灌浆次数多，效果好，一般不易少于 3 次，以形成防渗体为目的复灌次数要增加。每次灌注应达到劈裂冒浆。

3.8 灌浆间隔时间

水泥浆达到初凝，黏性土浆达到可塑后进行复灌。间隔时间过长往往影响到工期过长，二者要兼顾。北方土堤建议初灌与复灌第 1 次不少于 24h；复灌第 1 次与复灌第 2 次不少于 40h；复灌第 2 次与复灌第 3 次不少于 60h。灌注量明显偏大的孔，间隔时间适当延长，并应考虑增加复灌次数。

3.9 灌浆结束标准

每次注浆以劈裂缝形成并冒浆，压力表归零（或接近零）时结束。

最后一次灌注劈裂冒浆后，注浆量大于三次总灌入量 20%时应进行第 4 次补灌，间隔时间不少于 60h。

灌浆效果以沿堤（坝）轴向相邻孔裂缝首尾相连搭接为好。见附图 1－5。

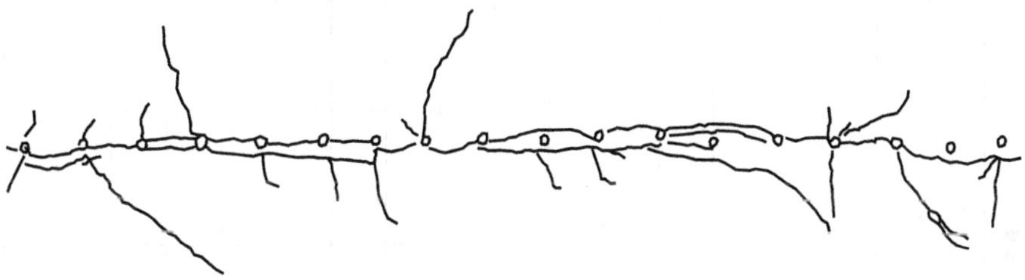

孔号	116	117	118	119	120	121	122	123	124	125	126	127	128	129	130	131	132

附图 1－5 循环劈裂式充填灌浆劈裂缝现场绘制图

3.10 常见事故处理

（1）孔口护壁管外，在劈裂缝形成前冒浆。应停止灌注，管外填土夯实或增加套管打入长度。经试灌不再漏浆方可继续。

（2）发现未灌孔孔口冒浆，应加长套管入土深度，并戴好管帽止浆。

3.11 质量标准

（1）沿堤（坝）轴向劈裂缝宽度达到设计要求（以充填裂缝为目的不宜小于 0.80cm）。

（2）轴向劈裂缝搭接率大于等于 80%合格；大于等于 90%良，大于 95%优。

（3）注浆量，随复灌次数增加注浆量逐渐减少。最后一次注浆量不大于该孔总注浆量：小于等于 10%为优；小于等于 15%为良；小于等于 20%合格。当最后一次复灌注浆量大于前次（多因有新的劈裂缝形成），应充分供浆，并考虑增加复灌次数。

3.12 循环劈裂式充填灌浆记录格式

记录要认真，字迹要清楚，内容要真实。禁止涂改伪造、不守职业道德。

记录格式见附表 1－1。

附表 1-1

循环劈裂式充填灌浆记录表

基本条件			清孔	灌浆						劈裂缝		
			始/终	表压		进浆		回浆		条数	宽/mm	长/m
位置（桩号）				0 分		0.00	L/min	0.00	L/min	1		
孔号				2								
筑堤（坝）土				2						2		
堤高/m				2								
注浆孔	深/m		×时×分	2						3		
	径/mm			2								
注浆管	长/m			3						4		
	径/mm			3								
套管	长/m			3						劈裂缝示意图		
	径/mm			3								
泥浆	水∶土			3								
	容重			3								
				3								
				3								
			清孔结束时也是灌浆开始时	3								
				3								
				5								
				5								
				5								
				5								

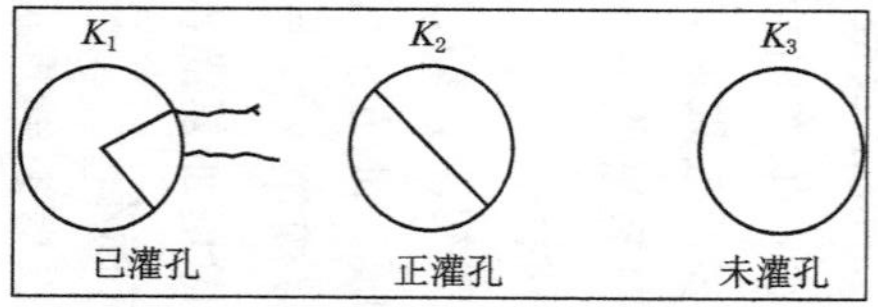

4 循环劈裂式充填灌浆在滹沱河北大堤的应用

一次大地震过后，液化引起的地面塌陷大多在地震中或震后较短的时间发生，在数十年后发生塌陷则不多见。本节所揭示的地震液化留下的地裂缝、塌陷坑就是在20多年以前邢台大地震在河北省滹沱河北大堤地基留下的隐患，它严重威胁着国家一级堤防滹沱河北大堤的安全。查明并消除这一隐患具有重大意义。

4.1 邢台大地震对滹沱河北大堤的危害

滹沱河发源于山西省繁峙县戏儿桥沟一带，穿越太行山向东流经河北省平山县入岗南水库和获鹿县黄壁庄水库后流入冀中平原。在献县枢纽汇入滏阳河，全长587km。由山区流入平原后河床纵坡变缓，水流随季节暴涨暴落形成游荡型河床，最宽达6km。在两岸形成了广阔的冲积平原，沉积了第四系厚层砂土和壤土，具备地震液化的物质条件。历史上的滹沱河洪灾不断，发生过无数次堤防决口。岗南水库和黄壁庄水库的修建及堤防不断加固，防洪标准已达50年一遇，设计行洪流量$5000m^3/s$。

滹沱河北大堤西起无极县东罗尚村，东至献县枢纽，全长101.1km。大堤是就地取材均质土堤，堤高多为5～6m，最高7m。据传在宋代已具规模。

1966年3月8日邢台市隆尧县马兰、白家寨一带发生了6.8级强烈地震，震源深度10km，震中烈度Ⅸ度强。3月22日邢台市宁晋县东汪一带又发生了7.2级大地震，震源深度9km，震中烈度Ⅹ度。两次地震波及了滹沱河北大堤的安全，后者影响较为严重。北大堤距邢台地震震中宁晋县东旺村约50km，是Ⅶ度烈度区。

邢台大地震时，沿堤内外曾发生过地震液化，沿地裂缝喷水冒砂。表面上看对大堤影响不大，当时没有引起足够重视，1992年河北省水利水电石家庄勘测设计院受命进行滹沱河北大堤勘察，揭开了地震液化对北大堤地基留下隐患的面纱。后经过灌浆试验和结合堤身地基隐患处理，总结出了《循环劈裂式充填灌浆技术》，有效消除了隐患。

经全堤段勘察对比分析，确定了无极县东汉堤段、饶阳县姚庄堤段和吕汉堤段为险工段，进一步进行了详勘。

1. 东汉险工段

该堤段隶属无极县，大堤桩号5+000左右，长约2km，堤高4～5m，均质土堤。于1968—1969年在原千里堤基础上改造而成。1988年一次暴雨降雨量195mm，洼地积水甚多。雨后发现大堤外河漫滩地积水不见了，滩地上留下6个近东西排列大坑和断续连接大坑的裂缝，走向北西西。陷坑直径1～3m，最深达4m。在堤内东罗尚村和东汉至西流村相继发现10个塌坑和多条地裂缝，东汉—西流村地裂缝走向北北东，东西向宽约250m，北东向长约600m。裂缝带内的西流村有510间房屋沉陷、裂缝。有的失去使用功能不得不拆除重建。在地震后20多年发生如此震害实属罕见（见附图1-6）。

1966年的东汉段地下水位埋深不足4.0m，到1988年下降至16m，1992年勘察时地下水位埋深在20m左右。

东汉堤段堤内地处滹沱河和木刀沟（磁河）河间地块，大堤地基地层属黏砂多层结构，冲积相交错层理居多。地表以下0～5m以黏性土为主，是液化层上覆弱透水盖层。

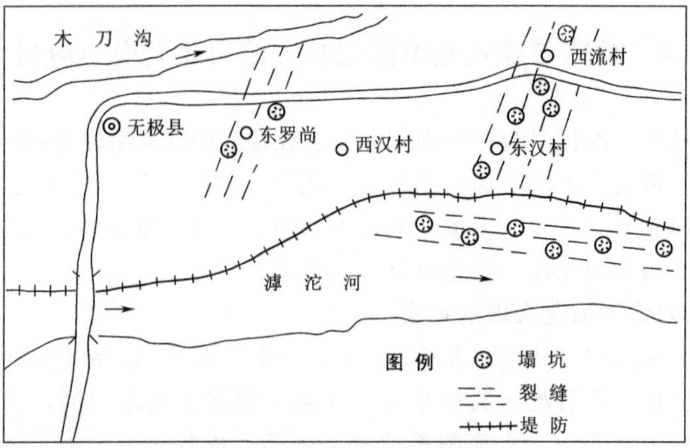

附图1-6 滹沱河北大堤东汉村段地裂缝塌坑示意图

其下第二层厚度6m左右以饱和松散砂性土为主，孔隙比0.88左右，是邢台大地震的液化层。该砂性土层以下为黏土层，厚度在8m以上。

地震中砂性土发生液化，沿伴生的地裂缝喷砂冒水，地表由喷出砂形成的小沙丘沿裂缝呈串珠状排列，裂缝中也留下了砂土形成的砂带。由于液化物的喷出和充填于地裂缝，液化层失去了部分砂土，重新沉积后在层顶部与非液化盖层间留下了水平向分布的空腔（见附图1-7）。

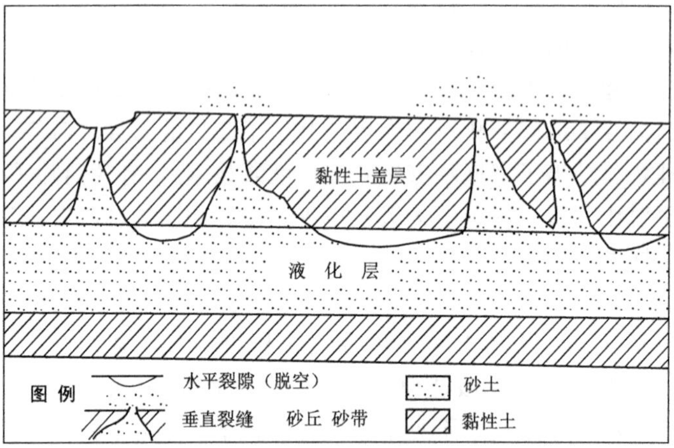

附图1-7 滹沱河北大堤东汉堤段液化示意图

逢暴雨地表大量积水，裂缝中砂带渗透性强，是集中渗漏带，水流携带砂土又返流回曾液化过的砂土层空腔。缺失了砂土的地裂缝又得以重现。未得到填充的水平空腔部分，因盖层浸水重度增大、强度降低塌陷成坑。

总结地震液化砂带、裂缝、塌坑形成的原因主要有：

（1）地震强度高，饱和砂层具备了液化的动力条件。

（2）第四系河流相沉积的砂性土松散易液化。

（3）20世纪60年代地下水埋深浅，水下砂性土处于饱和状态容易液化。

（4）液化后砂土沿地裂缝喷出地表留在地表呈小沙丘，填充裂缝形成砂带。

（5）地下水位埋深增大为地表水入渗创造了条件，沿砂带入渗的水流又将砂土携带回液化砂层，砂带变成了裂缝。

2. 姚庄险工段

姚庄隶属饶阳县，姚庄险工段位于北大堤桩号72+120～72+700之间，是1968年改线修建，堤高6m左右，临河一侧加有戗台。地基地层为砂黏多层结构，地面以下第Ⅰ单元0～4.0m为砂壤土，1966年地下水位埋深在4.0m左右；4.0m以下为第Ⅱ单元，饱和砂壤土厚0.5～1.5m；第Ⅲ单元为黏性土、砂性土以透镜状交错沉积。Ⅱ～Ⅲ单元中饱和砂壤土（粉土）是液化土层。1992年地下水位埋深13.5m。

该堤段堤外，距堤坡脚约60m有一片家族墓地，东西向与大堤近平行长约480m，南北宽约180m。为避免被水淹没从坟墓地周围取土加高后，四周形成洼地，深约0.5～0.7m。1992年7月连续两日暴雨降雨量130mm。洼地积水甚多，不到半日渗透殆尽，洼内留下多条裂沟。主要有两组：一组走向近东西与大堤轴线近平行；另一组走向北北东与大堤轴线近于垂直。裂沟长短不一，长者40～50m，短者5～10m。两组首尾有相接趋势，裂沟宽10～40cm，深50～180cm，沟底见砂性土。对大堤有影响的是北北东向一组，最近处距大堤坡脚约2.0m，由于地形抬高未影响到堤脚。但是在河道行洪水深较大，历时较长时，裂沟必向堤脚发展，其严重后果不堪设想。见附图1-8。

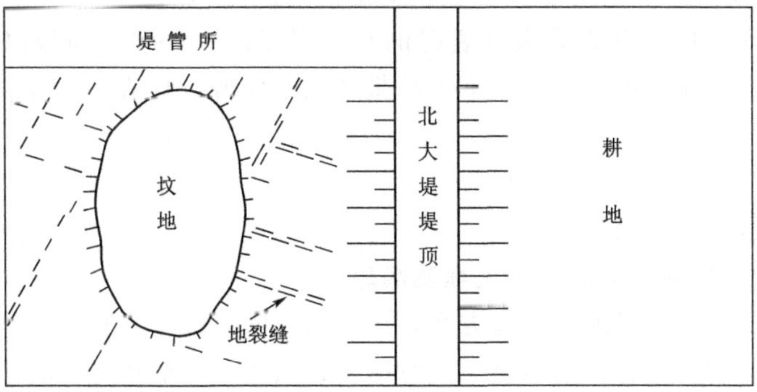

附图1-8 滹沱河北大堤姚庄险工段地裂缝示意图

经访问得知，大雨后坟地周围积水渗漏留下的裂沟，是邢台地震时形成的地裂缝，沿裂缝喷出砂和水，震后裂缝充填砂土，1992年暴雨积水多，形成的地沟多，惊动了各级领导。

3. 吕汉险工段

吕汉险工段在饶阳县境内，北大堤桩号75+000～76+000，与姚庄险工段相邻，堤高6m左右。

在勘察时发现吕汉村东南有一取土坑，东西长约210m，南北宽110m左右，坑深2～3m。坑中发现一条走向近南北砂带，宽10～40cm，北宽南窄并有上宽下窄趋向，砂带南端距大堤堤脚约30m。据村干部与村民介绍砂带是1966年邢台地震时形成的。

有一条裂缝从村中穿过，有房屋也产生过宽2～3cm裂缝，沿裂缝成串发现高有盈尺小沙丘，断续数里。取土坑中砂带是1987年和1990年两次暴雨后坑中积水渗漏时发现的（见附图1-9）。

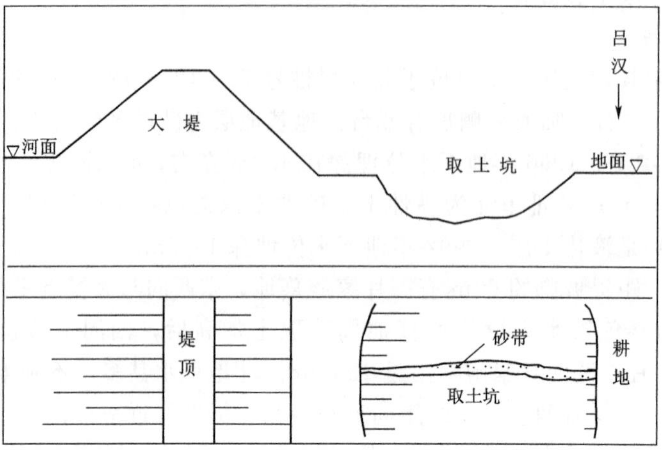

附图1-9 滹沱河北大堤吕汉险工段取土坑砂带示意图

该堤段堤基地层为砂黏多层结构。地表以下0～3.5m为壤土，第二层为砂性土松散饱和，层厚大于6.0m，邢台地震时地下水位埋深3.0m左右，是液化土层。1992年地下水位降至10.0m左右，砂性土含水层几乎被疏干，不得不以深层水为主要水源。

3个险工段都是1966年邢台大地震时的Ⅶ度烈度区；4～6m埋深以下饱和砂性土都发生过严重液化；液化后地裂缝都留下了砂带和水平空腔；地震时地下水位埋深3～5m，1992年勘察时地下水位下降至埋深10～13m以下；强降雨地表洼地积水入渗，3个险工段都发生过砂带渗水后形成裂沟（地裂缝）和塌坑。裂沟、塌坑形成机理相同，都是大堤的严重隐患，亟待除险加固。

4.2 循环劈裂式充填灌浆消除北大堤堤基隐患

经反复论证比较险工段加固处理方案，定为循环劈裂式充填灌浆，加固目的是消除大堤堤身横向裂缝，切断堤身渗漏通道，同时以泥浆填充大堤基础以下液化形成的水平空腔和地裂缝。

循环劈裂式充填灌浆是河北省水利水电石家庄勘测设计院在滹沱河北大堤和潴龙河千里堤进行多次对比试验，不断改造灌浆设备、改进工艺，总结出的一项新工艺新技术。

顾名思义，循环是灌入的泥浆在钻孔内始终处于循环流动状态，劈裂是由灌浆压力作用，利用堤身断面特征（堤顶以下土体的三个主应力$\sigma_1>\sigma_2>\sigma_3$），劈裂缝沿堤轴线$\sigma_2$作用方向有规律劈裂形成裂缝。以轴向劈裂缝为通道，以有压泥浆为载体将压力和浆液灌入裂缝并使其受力扩宽延长，轴向劈裂缝延伸穿过大堤堤身的各种横向裂缝和孔洞。当注浆管足够长，深入至液化层时地裂缝和水平空腔也被劈裂缝贯通后填满泥浆，达到除险加固的目的。

《循环劈裂式充填灌浆技术》在姚庄险工段—吕汉险工段又结合生产实践进行检验，主要技术指标是：

（1）灌浆压力不限：以形成劈裂冒浆压力回零为止。

（2）注浆不间断：每序连续一次注浆。

（3）注浆量不限：能吃多少供多少。

（4）供浆时间不限。

（5）孔距以3.0m为好。

（6）孔深，由灌浆目的而定。以堤身加固为目的时，孔深不小于堤高。

（7）排数排距：以灌浆目的而定，低坝（堤）以充填裂缝为目的可选择单排；以形成防渗体为目的的可布2～3排。排距2～3m，孔呈梅花形布置。

（8）注浆管深度：以堤身加固为目的深度在相当堤高位置；以堤基中水平空腔充填为目的应深入到液化层。

（9）护壁套管打入深度应接近大堤底部，以保证劈裂缝从深部劈裂并由深至浅发展，同时保持浆液正常循环，不发生在灌浆过程中套管外沿孔壁漏浆。一旦发生沿孔壁漏浆应停灌，填土夯实堵漏或加长套管打入深度。堵漏成功后恢复灌浆。

灌浆工艺、设备、操作、制浆、质量标准详见“3 灌浆控制”。

5 循环劈裂式充填灌浆技术的科学性

在滹沱河北大堤灌浆试验中总结出的“循环劈裂式充填灌浆技术”是否具备科学性和实用性，必须在生产实践中检验。

姚庄堤段1992年雨后地裂沟险情的出现，促进了北大堤险工段除险加固工程的实施。首先加固的是姚庄—吕汉两个险工段，工程分两期，第一期是姚庄段北大堤桩号72＋190～73＋200长1.01km，单排布孔，孔距3m，孔深12m；由西向东依次单孔单灌或双孔并灌。灌次分初灌、复灌1、复灌2三次，时间间隔分别是：24h、48h、72h。

灌浆结果1.01km每延米注浆：桩号72＋190～72＋350注入2.27m^3/m；桩号72＋350～72＋790注入4.88m^3/m；桩号72＋790～72＋930注入3.65m^3/m；桩号72＋930～73＋200注入2.56m^3/m；注浆量随注浆次数增加逐次减少。1.01km初灌为1534.7m^3、复灌1为568.56m^3、复灌2为408m^3。

该段有两孔并联灌浆共注入泥浆达500m^3，最长劈裂缝长70m，沿堤轴线劈裂缝宽0.5～2.0cm，浆液充填密实，裂缝首尾相接搭接率在85％以上，见附图1-10～附图1-12。

第二期灌浆加固工程任务是在第一期工程结束后连续实施，除孔距改为4.0m，其他技术标准未变。灌浆段桩号73＋000～76＋000，其中桩号73＋852～75＋000未列入险工段，每延米注浆量不足0.8m^3，吕汉险工段桩号75＋100～75＋800是重点险工段，每延米注浆量2.62m^3/m，裂缝搭接率61.9％（偏低），质量不及姚庄段。经对比孔距还是3.0m好。

以上数字说明“循环劈裂式充填灌浆技术”效果虽好，但还是纸上谈兵，经过实践检验才是真的。

险工段完成灌浆加固后仅4年的1996年，河北省滹沱河流域发生了特大洪水，黄壁庄水库入库流量最大 12600m³/s，水库削峰 70%后，最大出库流量达 3600m³/s。河水位猛涨滹沱河北大堤多处出现险情，经循环劈裂式充填灌浆处理过的姚庄等险工段没有发生任何险情。循环劈裂式充填灌浆技术以效果显著，工期短、省投资、设备简单、工艺先进，被认可和推广。

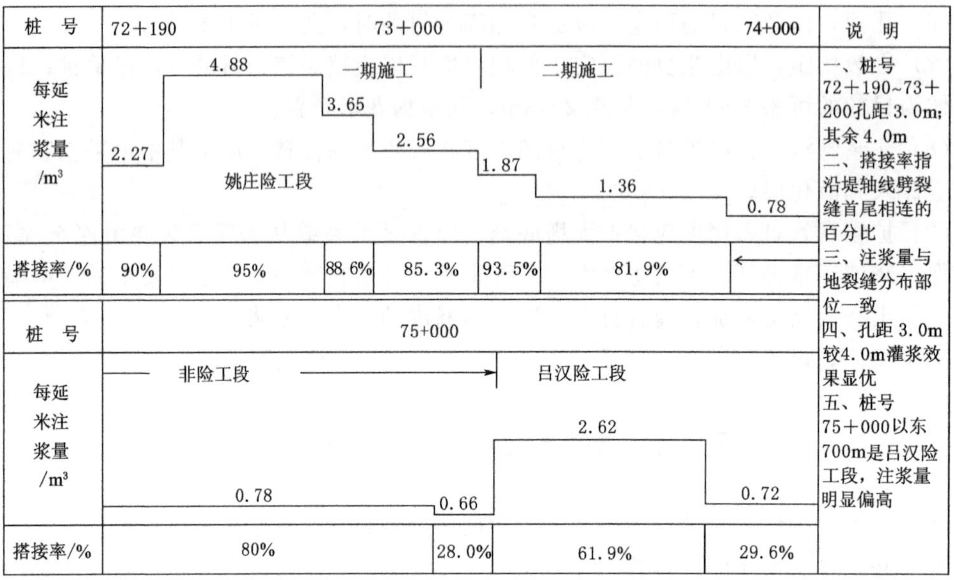

附图 1-10 滹沱河北大堤循环劈裂式充填灌浆成果

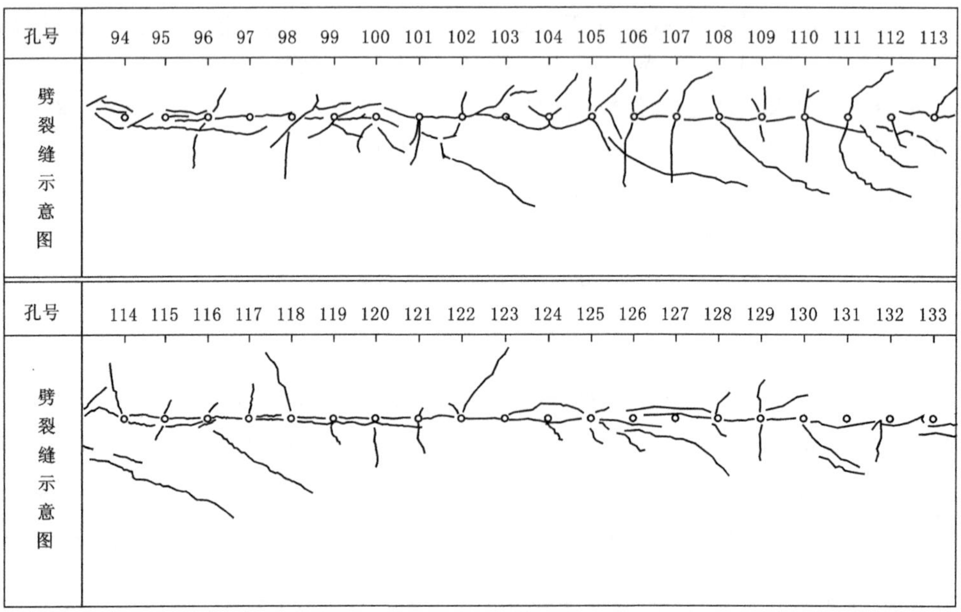

附图 1-11 滹沱河北大堤姚庄险工段灌浆初灌劈裂缝现场记录示意图

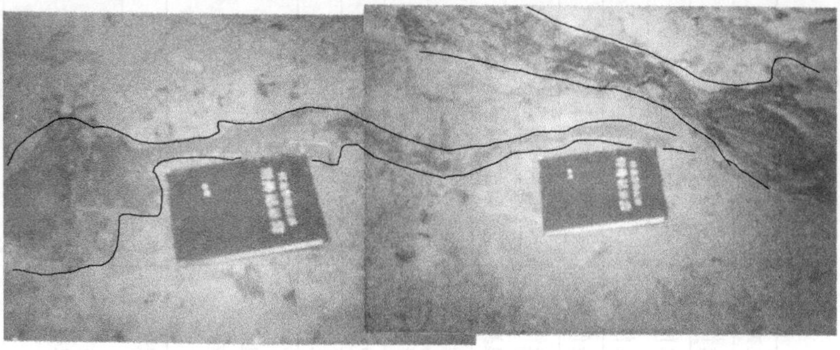

滹沱河北大堤灌浆试验，姚庄东72＋445处g_{2-5}孔3.6m深坑底部劈裂缝黏性土泥浆充填情况。浆液由东部钻孔附近向西延伸，长度达3.2m，宽度0.5～0.8cm，填充密实，串连并包裹黏土团块。浆体和黏土团块呈硬塑状，团块中无裂缝。

附图1-12　滹沱河北大堤劈裂灌浆探坑底部劈裂缝及黏土块周围泥浆充填情况

附录 2

粉土液化的经验判别公式

附表 2-1　　粉土液化的经验判别公式

序号	特点	判别公式	建立方法	提出者
1	未包括反映粉质土液化特性的物性指标	$N'=0.46d_s+6.7$	经验作图	沈阳冶勘公司
2		$N'=0.82d_s+5.0$	经验作图	赵立中
3		$N'=1.04d_s+5.76$	经验作图	轻工二院
4		$N'=0.25d_s+1.69d_w+58.18\alpha_{max}-2.12$	经验作图	王余庆等
5	包括反映粉质土液化特性的物性指标。只适用于粉土	$N'=0.548d_s-3.0d_w+0.0905\rho_f-1.08\rho_c+12.9$	数理统计	天津工程地质处
6		$N'=0.498d_s-2.42d_w-0.96\rho_c+14.52$	数理统计	天津工程地质处
7		$N'=-3.60d_w-0.0905\rho_f-1.048\rho_c+17.025$	数理统计	天津工程地质处
8		$N'=0.43d_s-0.94d_w-0.95\rho_c+56.82\alpha_{max}+1.8$	数理统计	王余庆等
9		$N'=0.427d_s-1.47d_w-0.88\rho_c+85.47\alpha_{max}-0.128$	数理统计	王余庆等
10		$N'=0.457d_w+0.593\rho_f-0.95\rho_c+11.02$	数理统计	天津工程地质处
11		$N'=0.5d_s-0.3d_w-0.5\rho_c+5.5$（Ⅶ度） $N'=0.5d_s-0.3d_w-0.5\rho_c+10.5$（Ⅷ度） $N'=0.5d_s-0.3d_w-0.5\rho_c+17.5$（Ⅸ度）	数理统计加经验	杨科文
12		$N'=0.5d_s-2.0d_w-\rho_c+13$（Ⅷ度）	数理统计	费仲良等
13	与砂土通用；与规范中的液化判别式无关	$N'=0.352d_s-1.0d_w-1.158\rho_c+11.035$（Ⅶ度） $N'=0.556d_s-1.35d_w-0.878\rho_c+12.64$（Ⅷ度） $N'=0.794d_s-1.365d_w-0.635\rho_c+20.54$（Ⅸ度）	数理统计	顾卫华等
14		$N'=0.44d_s-0.93d_w-0.95\rho_c+8.15$（Ⅶ度） $N'=0.44d_s-0.93d_w-0.95\rho_c+13.79$（Ⅷ度） $N'=0.44d_s-0.93d_w-0.95\rho_c+25.02$（Ⅸ度）	数理统计	冶金建筑抗震规程

续表

<table>
<tr><th>序号</th><th colspan="2">特点</th><th colspan="10">判别公式</th><th>建立方法</th><th>提出者</th></tr>
<tr><td rowspan="2">15</td><td rowspan="11">与砂土通用</td><td rowspan="11">与规范中的液化判别式无关</td><td colspan="10">$N'=N_0'[1+0.125(d_s-3)-0.05(d_w-2)]$</td><td rowspan="2">经验</td><td rowspan="2">李国新</td></tr>
<tr><td colspan="10">$N_0'=6$（Ⅶ度）、$N_0'=8$（Ⅷ度）、$N_0'=10$（Ⅸ度）</td></tr>
<tr><td rowspan="3">16</td><td colspan="10">$N'=N_0'[1+0.125(d_s-3)-0.05(d_w-2)]$ 与规范中液化判别式相同，但实测标准贯入击数需乘上修正系数 α，α 又与黏粒含量 ρ_c 有关</td><td rowspan="3">经验作图</td><td rowspan="3">钟龙辉</td></tr>
<tr><td>ρ_c</td><td>≤3</td><td>4</td><td>5</td><td>6</td><td>7</td><td>8</td><td>9</td><td>10</td><td>11</td><td>>12</td></tr>
<tr><td>α</td><td>1.0</td><td>2.05</td><td>2.30</td><td>2.52</td><td>2.75</td><td>2.94</td><td>3.13</td><td>3.36</td><td>3.48</td><td>3.67</td></tr>
<tr><td>17</td><td colspan="10">$N'=N_0'[1+0.125(d_s-3)-0.05(d_w-2)]-\alpha\rho_c$，$\alpha$ 值与颗粒分析试验中是否加分散剂有关；
$\alpha=0.664$（未加分散剂），$\alpha=1.0$（以偏磷酸钠为分散剂）</td><td>经验作图</td><td>石兆言</td></tr>
<tr><td>18</td><td colspan="10">$N'=N_0'[1+0.125(d_s-3)-0.05(d_w-2)]\times 0.1(100/\rho_c)^{0.5}$</td><td>经验作图</td><td>刘颖</td></tr>
<tr><td rowspan="3">19</td><td colspan="10">$N'=N_0'[1+0.125(d_s-3)-0.05(d_w-2)]\times(1/\alpha)$</td><td rowspan="3">经验作图</td><td rowspan="3">机械工业部勘测公司</td></tr>
<tr><td>ρ_c</td><td>≤3</td><td>4</td><td>5</td><td>6</td><td>7</td><td>8</td><td>9</td><td>10</td><td>11</td><td>>12</td></tr>
<tr><td>α</td><td>1.0</td><td>1.15</td><td>1.30</td><td>1.45</td><td>1.65</td><td>1.85</td><td>2.05</td><td>2.20</td><td>2.35</td><td>2.50</td></tr>
<tr><td>20</td><td colspan="10">$N'=N[1+0.125(d_s-3)-0.05(d_w-2)]\times(1-\rho_c/14)$</td><td>经验</td><td>柴匀之</td></tr>
<tr><td>21</td><td colspan="2" rowspan="6">考虑影响液化因素的非线性特性</td><td colspan="10">$N'=-78.61\rho_s-0.2079d_s+\rho_s^2+\cdots$（7 项）</td><td>数理统计</td><td>天津工程地质处</td></tr>
<tr><td>22</td><td colspan="10">$Z_0=d_w+22.321\alpha_{max}-0.2604N+\cdots$（14 项）</td><td>数理统计</td><td>郁寿松等</td></tr>
<tr><td>23</td><td colspan="10">$Z_0=N-3.074d_s-514.72d_w+\cdots$（20 项）</td><td>数理统计</td><td>郁寿松等</td></tr>
<tr><td>24</td><td colspan="10">$Z_0=-0.0099N+C.1272d_w+\cdots$（24 项）</td><td>数理统计</td><td>顾卫华等</td></tr>
<tr><td>25</td><td colspan="10">$Z_0=L_1Y_1+L_2Y_2+L_3Y_3+\cdots$（20 项）</td><td>数理统计</td><td>石兆吉等</td></tr>
<tr><td>26</td><td colspan="10">$N'=N\times\alpha_s\alpha_w\alpha_c$
$\alpha_s=0.697+0.11d_s-0.003d_s^2$
$\alpha_w=1.1-0.05d_w$；$\alpha_c=0.175+2.06\rho_c-2.83$</td><td>数理统计
加经验</td><td>机械工业部单层厂房
抗震设计规程</td></tr>
</table>

注 N'—液化临界标准贯入击数；d_s—埋深；d_w—地下水位；α_{max}—地表最大加速度；ρ_s—砂粒含量；ρ_f—粉粒含量；ρ_c—黏粒含量；N—实测标准贯入击数；Z_0—临界液化势；L_X—系数；Y_X—数量。

附录 3

对非饱和砂土变饱和标贯击数改变的确定方法探索

GB 50487—2008《水利水电工程地质勘察规范》附录 P 提出了涌水建筑物蓄水后地表水垂直入渗使地下水位抬升，砂土地基由不饱和变为饱和，标贯击数较大幅度减少，地震时液化度相应提高。GB 50487—2008 给出的校正计算式为：

$$N=N'[(d_s+0.9d_w+0.7)/(d_s'+0.9d_w'+0.7)] \quad (附 3-1)$$

式中 N——饱和砂土校正标贯击数，击；

N'——勘测时未饱和砂土标贯击数，击；

d_s、d_w——建筑物运行后标贯点深度和地下水位埋深，m，当有地表水时 d_w取 0；

d_s'、d_w'——勘测时标准贯入点深度和地下水位埋深，m。

设（$d_s+0.9d_w+0.7/d_s'+0.9d_w'+0.7$）$=\beta$，式（附 3-1）改写为：

$$N=\beta N' \quad (附 3-2)$$

命 β 为砂土饱和校正系数。由式（附 3-2）显示 β 与 d_s'、d_w'成反比，地基挖深越深，地下水位上升幅度越大 β 越小，标准贯入击数校正后液化度越高。

判别式：$N>N_{cr}$成立判不液化，反之判液化。N 为校正后标贯击数，击；N_{cr}为临界标贯击数，击。

N_{cr}按式（附 3-3）计算

$$N_{cr}=N_0[0.9+0.1(d_s-d_w)](3\%/\rho_c)^{1/2} \quad (附 3-3)$$

式中 N_0——标贯击数基准值，按附表 3-1 取值。

附表 3-1　　砂土液化判别标贯基准值

地震动峰值加速度	0.10g	0.15g	0.20g	0.30g	0.40g
近震/击	6	8	10	13	16
远震/击	8	10	12	15	18

由上述分析计算如何确定“β”值是判定是否合理的关键。按现行规范校正实测标贯击数，不少技术人员认为校正后标贯击数偏低，生产实践中少有发生，判别结果液化度偏高，为此本文对如何确定校正系数作如下探讨：

在同孔、同砂层、地下水面以上非饱和标贯击数 N_s（击）和相邻地下水位以下饱和标贯击数 N_x（击）则有：

$$N_x/N_s=\beta \quad (附 3-4)$$

在相同砂土层地下水位上下段进行连续标准贯入测试为好。水上砂层饱和后标贯击数减少是必然的，β 值的求解方法须收集足够的资料才能统计出不同砂土（细砂、粉砂、粉土）、不同深度的标贯校正系数 β。在同一砂层中收集（或通过现场测试）得到不同数点或多点水上水下 β 值连线就可依此线查出不同深度 β 值，进而求出折减后的标贯击数。

附录 4

砂土地震液化是地震动应力作用下孔隙水势能动能转化的结果

关于地震砂土液化机理的诠释从不同的视角有多种论述。最简单解释是在地震震动作用下饱和砂土由固体变为液体；较多见的是在地震作用下饱和砂土孔隙水压力增长，土颗粒间有效应力减小至零，固态砂土与水变成了粥状液体；还有一种解释说地震震动作用下土颗粒密度增加挤压，孔隙水压力增高固态饱和砂土变成液体发生了液化。本书意图用地震动应力作用下敏感性高的孔隙水得到了势能，由势能转化为动能发生了饱和砂土液化，出现了喷水冒砂的现象并释放了动能消散了势能，砂土和水也达到了新的静态平衡。

所谓势能（Potentialenergy）是储存于一个系统内的能量，又称作位能。势能可以释放，也可以转化为其他形式能量。势能不是属于单独物体所具有，而是相互作用所共有。

在强烈的地震作用于敏感性高的孔隙水使其获得了势能，地震强度越高、持续时间越长，孔隙水势能越高。由于地震中传播地震能量的主要是面波，面波仅存在于地表层，在各种结构面发生入射、反射、折射使之传播的能量大小不等，且传播方向多变，故发生了部分单元地下水位获得势能上升，也有失去势能下降，表现出新泉出旧泉枯，有的井水位上升有的下降。获得势能的孔隙水压力骤涨，达到与盖层压力相当时，砂土颗粒间的有效应力减小到零。失去了有效应力的土颗粒被孔隙水离间成了孔隙水中的悬浮物，土粒和水混合成了粥状液体，饱和砂土液化了。初始时的液化是发生在砂层间是看不到的隐蔽液化。地震强度足够、持续时间延长，地震动力的作用孔隙水势能继续增加，当其势能超过盖层压力时，盖层发生塑性变形破裂成地裂缝。具有高势能的液化物沿裂缝喷出地表，表象液化发生了。这一过程液化体的势能转化成了动能开始消散，地震结束了，液化物的势能消失了，动能也随之消失了，液化也停止了。液化物重新沉积，土颗粒重新组合成新的松散砂层，因液化过的砂层喷出地面，部分砂土永久留在了地表，重新沉积的砂层物质部分少了，结构更松散了。

人们目睹到的表象液化，喷水高低主要取决于液化层储蓄的势能大小，喷出的砂土多少则取决于地震强度和持续时间长短，同时也取决于液化层的厚度。

强烈地震诱发的砂土液化仅在局部的范围，这一特征已经说明发生液化的条件是苛刻的。除面波分布强且砂土饱和外，砂层所处环境也是必备条件。首先埋深不过大，埋深大可有效遏制砂层势能向动能的转化也就是表象不易发生（非液化盖层在 5.0m 之内多发生液化，10.0m 以上埋深液化未发现）；其次是盖层必须具有弱透水性以保持饱和砂层有一个相对封闭的空间，确保地震动能转化为孔隙水势能增长到初始液化势才能发生隐蔽液化，无封闭环境更不会发生孔隙水势能达到超固结压力，也不会发生表象液化。强透水盖层不利于孔隙水势能增长，不易发生液化。

液化只发生在具备了一定条件的局部范围，是在地震面波强、盖层厚度适中且具有弱透水性的封闭环境中才有地震动能和孔隙水势能的转换以及孔隙水势转换为液化物喷出地表。液化物的喷发消散了孔隙水的势能也消散了地震的动能。

附录 5

汶川“5·12”地震液化点基本情况表

附表 5-1　汶川“5·12”地震液化点基本情况表(资料源于曹振中、袁晓铭等)

序号	场点位置	烈度	盖层厚 d_u/m	地下水深 d_w/m	地层岩性	“5·12”地震液化现象	液化深/m	剪切波 V_s'/(m/s)	动探 N_{120}/击	备注
1	成都红树村	Ⅵ	—	—	—	河边有长 300m 顺河裂缝，喷黄沙	—	—	—	
2	成都清江村	Ⅵ	—	—	—	液化喷砂水伴地裂缝，一墙体发现裂缝并倾斜。喷出物含泥，喷高 3.0m	—	—	—	
3	成都泰山村	Ⅵ	—	—	—	沿河边带状喷砂，孔径 20cm，村民讲 7～8m 深无砂	—	—	—	
4	峨眉山新联村	Ⅵ	3	—	—	喷水冒砂喷高 3.2m，持续 20～30min，地裂缝长 300m，宽 10cm，方向 SW250°	—	—	—	
5	峨眉山新联村	Ⅵ	—	—	—	喷水砂，高 1.0m，伴地裂缝长数十米，宽 5～10cm，SW260°	—	—	—	
6	眉山县棱河中心	Ⅵ	—	—	村民层挖砂深 5～6m	县城内 5 月 16 日棱河中心冒黑水，似开锅长达 40min，村中 40 多民井干枯	—	—	—	河床液化
7	眉山县菜地村	Ⅵ	—	—	—	喷水高 0.3m，持续 1min。发现陷坑直径 2m 深 2m。震时有落瓦	—	—	—	
8	雅安市龙泉村	Ⅵ	—	—	—	喷水高 1.0m，持续 3min，伴地裂缝长百米穿越河谷至山包，纵横交错	—	—	—	
9	遂宁市五里村	Ⅵ	—	—	盖层 1.0m 以下为黄色粉砂	农田道路大面积液化，喷水高 1.0m	—	140	—	
10	雅安市富林镇	Ⅵ	—	—	—	喷砂水	—	—	—	有照片
11	甘肃省大元村	Ⅵ	—	—	—	农田中大量喷水冒砂伴地裂缝，砂为浅黄色细砂	—	—	—	有照片

续表

序号	场点位置	烈度	盖层厚 d_u/m	地下水深 d_w/m	地层岩性	“5·12”地震液化现象	液化深/m	剪切波 V'_s/(m/s)	动探 N_{120}/击	备注
12	成都市永顺村	Ⅵ	2.0	—	盖层以下见砂层	喷水冒砂持续 3d	—	—	—	喷水 3d
13	成都市金星村	Ⅶ	2.1	1.0	粉质黏土厚 2.1m/砾石厚 8.7m，粗砂充填，大于 2mm 粒径占约 65%	农田中喷出灰色砂，伴地裂缝，有地面隆起高 15cm，一砖房倒塌	—	—	—	
14	成都市三尺村	Ⅶ	—	—	村民打井深 3～4m 见砂	喷砂水高 3～4m，伴地裂缝长达百米	—	—	—	
15	成都均田村	Ⅶ	2	—	砂层埋深 2.0m	大量喷砂水高 6～7m，持续 2min	—	—	—	喷高 6～7m
16	成都肖家村	Ⅶ	—	—	粉质黏土层厚 1.0m/粗砂厚 1.1m/砾石层厚 2.1m/粗砂层厚 4.3m	喷水冒砂，量少	3.0	176	6	
17	成都全兴村	Ⅶ	—	—	—	冒浑水，震感轻	—	—	—	
18	都江堰市红花村	Ⅶ	—	—	—	沿裂缝带状喷砂冒水，一户农舍沉降 2cm，农田一陷坑深 1.5m	—	—	—	
19	崇州市联义村	Ⅶ	—	—	—	喷砂冒水且量大，主要在水井发生。农田喷砂压盖农田面积约 300m^2	—	—	—	喷砂面积大
20	成都俞庙社区	Ⅶ	—	6.0	—	村内约 5 亩范围液化喷砂水，农田中喷灰色中细砂	—	—	—	
21	大邑县揭沟村	Ⅶ	—	—	—	喷水冒砂，面积达 2500m^2，喷水高 1.0m	—	—	—	喷砂面积大
22	成都角春镇	Ⅶ	—	—	—	地裂缝喷砂冒水，有墙体开裂	—	—	—	
23	成都保平村	Ⅶ	—	—	—	喷水及黄砂伴地裂缝宽 3～5cm，有墙体发生裂缝并倾斜	—	140	—	
24	成都天鹅村	Ⅶ	3.1	2.4	粉质黏土厚 3.1m/砾石层厚 4.9m，卵砾石含量约 23%～42%，其余为砂/卵石厚 8m	砾石层液化喷砂冒水，伴生地裂缝宽 2.0cm	—	—	—	

续表

序号	场点位置	烈度	盖层厚 d_u/m	地下水深 d_w/m	地层岩性	"5·12"地震液化现象	液化深/m	剪切波 V'_s/(m/s)	动探 N_{120}/击	备注
25	成都金星村	Ⅶ	3.5	0.9	—	喷砂冒水，农田中喷灰色砂	6.0	180	9.9	
26	什邡市家具厂	Ⅶ	—	—	盖层以下见砂层	喷砂冒水高达1.5m，近河边地裂缝宽10cm。屋内地板开裂，墙体见微裂缝	—	—	—	
27	德阳市胜利村	Ⅶ	1.9	3.7	粉质黏土厚2.1m/砾石厚8.7m，粗砂充填，大于2mm粒径占约65%	7～8户农家喷砂冒水，下陷5cm，并伴有隆起高10～20cm，农家院喷砂厚1～2cm	5.0	187	—	下陷5cm，隆起10～20cm
28	什邡市隐丰镇大桥	Ⅶ	3.8	1.5	村民打井深3～4m见砂	喷水冒砂在桥台下，桥台原有裂缝加长、加宽	—	150	—	
29	什邡市福泉村	Ⅶ	—	2.0	—	喷水冒砂，单孔喷砂1.0m³，10多户农家院见大量喷砂，水柱高30cm。见地裂缝、陷坑	—	—	—	
30	什邡市双石桥村	Ⅶ	—	1.0	—	喷水冒砂，单孔喷砂5.0m³，有黄鳝钻出水柱高2.0m，路面下沉5.0cm	—	—	—	单孔喷砂5m³，黄鳝出
31	什邡市桂花村	Ⅶ	—	—	—	震前1个月一水井变浑水，加热见油花地裂缝长50m，见喷水	—	—	—	
32	德阳市昆庐小学	Ⅶ	5.2	1.4	填土厚1.5m/黏土厚0.8m/砾石厚7.0m。砂土含量高，见黑色淤泥有臭味	单孔喷砂5.0m³，地面下沉、教室地板隆起，墙有明显裂缝	8.5	161	7.5	
33	广汉市双砂村	Ⅶ	—	—	—	沿河岸产生地裂缝，穿过民房，河岸向河侧向滑移，裂缝中喷砂	—	—	—	
34	绵竹市白江村	Ⅶ	—	—	—	农田及农户11家见喷细砂、中砂。震后井水变色	—	—	—	
35	广汉市科机公司	Ⅶ	—	—	—	厂房外墙角喷砂冒水，裂缝长10m，宽5cm，铁轨被拉断	—	—	—	

续表

序号	场点位置	烈度	盖层厚 d_u/m	地下水深 d_w/m	地层岩性	"5·12"地震液化现象	液化深/m	剪切波 V_s'/(m/s)	动探 N_{120}/击	备注
36	广汉市永红村	Ⅶ	—	—	—	喷砂冒水，一水井喷砂约 $0.5m^3$，两农户地面开裂长 10m，宽 1～2cm 穿过墙体	—	—	—	
37	绵竹市白江村	Ⅶ	1.5	2.2	粉质黏土厚 1.5m/粗砂厚 1.5m/卵石厚 5.6m/粗砂厚 0.9m/卵石厚 9.5m，未见底	地裂缝长 200m，沿裂缝喷砂冒水，房屋下沉 6cm。一座二层楼倒塌而周围土房未塌	6	140	—	二层楼倒塌
38	绵竹市果园村	Ⅶ	1.9	1.5	黏土厚 1.5m/粗砂厚 0.4m/卵石厚 3.6m/细砂厚 0.4m/卵石厚 1.1m/黏土厚 5.0m	喷砂冒水、地裂、墙体裂并显下沉	8.5	165	9	余震再次液化
39	德阳市长征村	Ⅶ	—	—	—	喷砂冒水	—	—	—	
40	德阳市连山村	Ⅶ	—	1.0	—	喷砂冒水高 4.0m，含泥，地裂缝走向 NW 穿过山上砂岩	—	—	—	似构造型裂缝
41	德阳市万古村	Ⅶ	1.2	6～7	砂层埋深 1.2m	喷砂水高 10cm，裂缝长 2km，宽 10cm，带状液化，液化点临近河边	—	—	—	
42	中江县普桥村	Ⅶ	—	—	—	喷水冒红色砂，喷高 2m，持续数分钟，裂缝长 15m 宽 20cm	—	—	—	
43	德阳市新转村	Ⅶ	0.5	—	—	喷水冒砂高约 1.0m，持续 6min，沿地裂缝液化，喷砂中含砾，楼房破坏	—	—	—	喷砾
44	德阳市金桥村	Ⅶ	4.0	2.2	粉质黏土厚 2.4m/卵石厚 1.6m/细砂厚 2.1m/卵石厚 5.4m/粗砂	喷水砂，砂为黄细砂含卵石，粒径 10cm，液化面积 70 余亩，地面下沉 10～20cm	6.0	164	6.3	
45	什邡市广福村	Ⅶ	2～3	3.0	—	喷砂冒水，一农户喷砂严重，房柱下沉 3～7cm	—	—	—	

续表

序号	场点位置	烈度	盖层厚 d_u/m	地下水深 d_w/m	地层岩性	“5·12”地震液化现象	液化深/m	剪切波 V_s'/(m/s)	动探 N_{120}/击	备注
46	德阳市松柏村	Ⅶ～Ⅷ	4.6	0.8	填土厚0.8m/卵石厚10.2m，最大粒径15cm，在深5.3m夹10cm黄色细砂	喷砂冒水，喷物中见砾石卵石，液化范围长7km、宽3km，村中房倒一半	7.0	185	7.5	喷砾
47	绵阳市丰泰印务	Ⅶ	—	—	—	农田中喷水冒砂，单孔2～3m³，串珠状液化，地面下沉2～4cm	—	—	—	
48	绵阳市涌泉村	Ⅶ	4.0	1.0	—	喷水冒砂，喷砂孔呈串珠状排列，喷砂水历时1h，水柱高30cm	—	152	—	
49	绵阳市洛水村	Ⅶ	—	—	—	喷水冒砂，喷出黑色粉砂，液化场点附近有断层长10km，NE走向	—	—	—	
50	绵阳市陈家坝	Ⅶ	—	6～7	—	喷水冒砂伴地裂缝，农田中喷至5月13日	—	—	—	液化时间长1d
51	绵阳市铁炉村	Ⅶ	—	—	—	喷水冒砂，地裂缝为南北长10m	—	—	—	
52	绵阳市民生村	Ⅶ	—	—	—	喷水冒砂，150亩范围液化孔零星分布，喷水高1.0m。喷出物中见卵石	—	—	—	二级阶地液化，喷砾
53	绵阳市新合村	Ⅶ	—	—	—	喷水冒砂伴地裂缝长15m，喷水高1.0m。地处一级阶地	—	—	—	一级阶地
54	绵阳市七一村	Ⅶ	—	—	—	喷水冒砂伴地裂缝，地处河漫滩	—	—	—	河漫滩
55	绵阳市神仙村	Ⅶ	—	—	—	喷水冒砂，有一墙体先下沉6cm后又隆起	—	—	—	先沉后隆
56	绵阳市北林村	Ⅶ	—	—	—	喷水冒砂伴地裂缝，喷出砂黄色。北村液化较南村严重	—	—	—	
57	绵阳市观音村	Ⅶ	—	—	—	农田中多出喷砂冒水，喷高1.0m，持续1h冒砂，之后冒水1h	—	—	—	喷砾
58	绵阳市森柏村	Ⅶ	—	—	—	喷砂冒水，无裂缝，喷砂孔呈点状	—	—	—	

续表

序号	场点位置	烈度	盖层厚 d_u/m	地下水深 d_w/m	地层岩性	“5·12”地震液化现象	液化深/m	剪切波 V'_s/(m/s)	动探 N_{120}/击	备注
59	绵阳市上方寺村	Ⅶ	—	—	—	喷砂冒水，地处低山丘陵区，砂为黑色	—	—	—	
60	绵阳市鹤鸣村	Ⅶ	—	—	—	喷砂冒水，地处低山丘陵区	—	—	—	
61	绵阳市河东村	Ⅶ	—	—	—	串珠状冒水喷砂伴地裂缝	—	—	—	
62	绵阳市温泉村	Ⅶ	—	—	—	串珠状冒水喷砂伴地裂缝，长数百米，宽30～50cm，深5.0m，黄砂	—	—	—	
63	成都市龙泉村	Ⅷ	—	—	—	喷砂冒水，喷高2～3m，水泥路面隆起，液化后水田积水漏光	—	—	—	喷出水漏光
64	成都市泉水村	Ⅷ	1.7	0.9	粉质黏土厚1.0m/中砂厚1.8m	喷砂冒水，伴地裂缝长10m，宽5cm，横穿过水泥马路	—	220	3.3	
65	都江堰丰乐村	Ⅷ	2.1	1.4	粉质黏土厚1.4m/中砂厚0.9m/卵石厚5.2m，粒径大于2mm占60%，充填砂	喷水冒细砂，伴地裂缝长5～10m，宽10～20cm。堤岸下沉侧移20～30cm，民房40.0%倒	—	205	6.3	堤岸下沉20～30cm
66	都江堰金花村	Ⅷ	—	—	—	地面开裂冒砂水，喷高1.5m	—	—	—	
67	都江堰民兴村	Ⅷ	—	—	—	地面裂缝，喷砂水，持续10min，液化地裂面积3～5亩	—	—	—	喷砂水10分钟
68	都江堰清江村	Ⅷ	≈1.0	—	—	喷砂水带泥浆，裂缝长20m宽20cm，持续1h	—	—	—	
69	都江堰王桂村	Ⅷ	—	—	—	群众目睹较大范围喷砂冒水	—	—	—	
70	都江堰永寿村	Ⅷ	2.1	2.1	粉质黏二厚1.0m/卵石厚11.2m，粒径大于60mm卵石约占60%，充填砂土	喷水冒砂高10m左右，喷出物以砂为主，见卵砾石	—	250	—	喷高10m

续表

序号	场点位置	烈度	盖层厚 d_u/m	地下水深 d_w/m	地层岩性	“5·12”地震液化现象	液化深/m	剪切波 V'_s/(m/s)	动探 N_{120}/击	备注
71	都江堰双槐村	Ⅷ	—	—	—	砂冒水，喷高 1.0m	—	—	—	
72	都江堰玉堂中学	Ⅷ	—	10	—	喷砂冒水，水有臭味，裂缝长 10m，宽 10cm	—	—	—	喷水有臭味
73	都江堰中兴镇中学	Ⅷ	—	—	—	操场喷黄砂水，3d 后沉降 3cm	—	—	—	3d 后地面沉降
74	都江堰某公路	Ⅷ	—	—	—	喷砂冒水，路基向排水沟侧移 10cm，排水沟底隆起，裂缝长 300m	—	—	—	
75	都江堰青城山镇	Ⅷ	—	—	—	喷黄色泥浆，一村民家地面隆起	—	—	—	喷黄色泥浆
76	都江堰天马镇	Ⅷ	—	—	—	大面积喷砂水	—	—	—	
77	彭州市梨花村	Ⅷ	—	—	盖层下为砂土层	大面积喷砂水，喷出物厚达 5～10cm，地裂缝长 200m，民房大量倒塌	—	—	—	疑似砂层液化
78	都江堰水泥厂	Ⅷ	1.7	0.9	—	喷砂水，砂灰黄色。裂缝长百米，宽 40cm，屋内地板隆起	—	—	—	
79	都江堰聚源大桥	Ⅷ	2.1	1.4	—	喷砂冒水，砂为粉细砂，灰色，位于桥墩下，桥未坏	—	—	—	
80	绵竹市永丰村	Ⅷ	—	—	粉质黏土厚 4.0m/卵石厚 8.0m，稍密，粒径大于 50mm 占 70%/卵石层厚 8.0m 砂	十几亩地内不同程度喷砂水并有卵石，裂缝长 50～60m，宽 10～20cm	9.0	228	—	见卵石
81	绵竹市杜茅村	Ⅷ	—	—	—	喷砂冒水，单孔喷砂 2～3m³，裂缝长 20m	—	—	—	喷砂水 10min
82	德阳市清凉村	Ⅷ	≈1.0	—	—	喷砂冒水，地裂长 7km，砂为黄色，全村 30%～40%民房倒塌，塌坑深 5m	4.0	203	—	坑深 5m，地裂 7km

续表

序号	场点位置	烈度	盖层厚 d_u/m	地下水深 d_w/m	地层岩性	“5·12”地震液化现象	液化深/m	剪切波 V'_s/(m/s)	动探 N_{120}/击	备注
83	德阳市兴隆村	Ⅷ	—	—	粉质黏土厚4.0m/卵石厚5.5m，粒径大于20mm卵石约占60%/卵石厚4.5m，未见底	喷水冒砂，砂呈黄色，堵塞河道，地裂缝纵横，错位10～20cm	8.0	223	2～8	
84	板桥学校	Ⅷ	2.1	2.1	粉质黏土厚1.5m/卵石厚5.0m/Q_3风化卵石层	沿地裂缝喷砂冒水，地面下沉15cm，教学楼墙裂沉隆大进行拆除	6.5	150	10.2	地基下沉15cm
85	绵竹市林堰村	Ⅷ	—	6.0～7.0	7～8m深见黄色细砂厚4.0m/黏土	喷砂冒水，发育两组地裂缝，缝长150m深4.0m，震后稻田水漏净	7.0	250	—	细砂液化
86	什邡市思源村	Ⅷ	3	1.5	—	喷砂冒水范围宽1.0km，长2～3km，水池底隆起埋砂厚1.0m，6月1日还冒水（半月）	—	166	—	水池被砂冒水半淹半埋含砾
87	什邡市共和村	Ⅷ	—	—	—	喷水冒砂伴地裂缝，路面下沉，裂缝穿墙而过	—	—	—	
88	绵竹市白杨村	Ⅷ	3.8	1.5	—	喷砂冒水，与板桥中心学校同乡，液化相近	—	150	—	
89	广汉市石虎村	Ⅷ	4.4	2.9	黏土层厚4.0m/粗砂层厚0.8m/卵石层厚5.7m/卵石层厚7.2m以上	喷砂冒水，一井5.0m深被砂埋3.4m裂缝长50～60m，墙体裂地面下沉	—	161	11.4	
90	绵竹市新市镇政府	Ⅷ	—	—	—	喷砂冒水，地裂缝长20m，宽10cm，二层房下沉2～3cm	—	—	—	
91	绵竹市红拱村	Ⅷ	3.0	—	地下3.0m见砂夹卵石层	喷砂冒水高1.0m，持续1h，农田中沿地裂缝大量喷砂沉陷40cm	—	—	—	80%农舍破坏
92	绵竹市齐福小学	Ⅷ	5.3	3.5	粉质黏土层厚2.8m/卵石层厚2.4m，粒径大于50mm占70%其余为砂	喷砂冒水高1.0m，持续数分钟，教学楼地基下沉，左侧7.0cm，右侧3cm	—	180	11.1	
93	绵竹市新市学校	Ⅷ	3.0	1.0	填土厚1.3m/含砂粉质黏土层厚0.8m/卵石层含%	喷砂冒水，砂为白色夹淤泥，一门卫室下沉2cm	—	133	6.3	

续表

序号	场点位置	烈度	盖层厚 d_u/m	地下水深 d_w/m	地层岩性	“5·12”地震液化现象	液化深/m	剪切波 V'_s/(m/s)	动探 N_{120}/击	备注
94	绵竹市长宁村	Ⅷ	—	—	—	喷砂冒水量大且持续 20h，喷水高 1.5m，一水井被砂填埋，伴地裂缝	—	—	—	冒水砂 20h
95	德阳市安平村	Ⅷ	2.5	1.8	—	喷砂冒水，沿河地裂缝发生，河对岸有 400m，一裂缝宽达 50cm 断续喷白砂	—	141	—	
96	德阳市长玉村	Ⅷ	—	—	挖深 7～8m，未见砂土层	喷灰色砂水，地裂缝宽 30cm，见深 1.0m 漏水，液化时喷高 1.0m	—	—	—	
97	德阳市龙泉村	Ⅷ	—	—	粉质黏土层厚 0.7m/卵石层厚 6.3m，大于 20mm 粒径占 70%，其余为砂	2000 亩地零星喷水冒砂，喷高 10cm，伴有地裂缝，一房屋前沉 7.0cm，后抬 12.0cm	—	—	—	
98	什邡市镇江村	Ⅷ	2.4	0.9	粉质黏土层厚 0.7m/卵石层厚 6.3m，大于 20mm 粒径占 70%，其余为砂	伴地裂缝喷黄砂，裂缝长百米宽 10cm，一粮仓产生不均匀沉降并有侧移 10cm	—	187	8.7	一粮仓下沉并侧移 10cm
99	绵竹市桑园村	Ⅷ	3.5	2.8	填黏土厚 1.2m/粗砂层厚 2.8m/卵石层厚 13.3m	大面积喷砂冒水，持续数分，地裂缝长数千米，穿过村庄，河沟喷砂 1.0m	—	199	11.7	
100	德阳市双瓦村	Ⅷ	—	—	—	菜地喷灰黄色砂	—			
101	绵阳市中兴镇中学	Ⅷ	—	—	—	操场大范围喷砂冒水长达 5～6h	—			
102	绵阳市东华村	Ⅷ	—	—	—	喷水冒砂掩埋农田 10 多亩，喷砂水持续 5～6h，伴有地裂缝	—			
103	绵阳市江油车站	Ⅷ	4.7	2.4	—	喷水冒砂遍及整火车站，至 8 月 8 日一房屋内仍有砂喷出	—			喷砂 85d
104	绵阳市极乐斋村	Ⅷ	—	—	—	喷黑色细砂水，伴一条长数百米裂缝宽达 50cm	—	—	—	

续表

序号	场点位置	烈度	盖层厚 d_u/m	地下水深 d_w/m	地层岩性	“5·12”地震液化现象	液化深/m	剪切波 V_s'/(m/s)	动探 N_{120}/击	备注
105	岷江支流河漫滩	Ⅷ	—	—	—	喷砂水（陈云敏供照片）	—	—	—	
106	成都市华东村	Ⅷ	—	—	—	农田中伴地裂喷砂冒水，地裂缝顺河边发育（尚红供照片）	—	—	—	
107	成都市武都镇	Ⅷ	—	—	—	喷砂冒水高 3.2m，持续 20～30min，伴生地裂缝长 300m，宽 10cm，NW 向	—	—	—	
108	成都市虹口乡	Ⅸ	—	—	—	喷水冒砂，一在建二层楼倾斜	—	—	—	二层楼倾斜
109	成都市小鱼洞大桥	Ⅹ	—	—	—	高架桥墩下喷粉细砂	—	—	—	
110	德阳市安仁村	Ⅸ	5.0	4.0	黏土厚 4.8m/卵石厚 4.6m，粒径大于 70mm 占 40%，大于 20mm 占 75%含砂	伴地裂缝喷砂水，裂缝长 50～100m，穿村而过，见砾喷出	—	267	—	70 多民井填有喷砂
111	德阳市祥柳村	Ⅸ	4.8	3.4	填土厚 3.0m/卵石层厚 4.4m/黏土层厚 1.9m/卵石	300 多亩面积有多点喷水冒砂，一孔喷水高两个电线杆高，地面陷坑 7～8 处，深 1～2m	—	233	17.4	喷水高十几米，面广
112	绵阳市双泉村	Ⅸ	3.3	2.5	—	喷砂水伴地裂缝长约 70m 宽 60～70cm，走向 SW240°，地面见隆起	—	200	—	
113	德阳市白虎头村	Ⅸ	2.2	1.2	埋深 2～3m 见褐黄色细砂	百亩范围喷砂水，高 1.0m，见粒径 15cm 卵石喷出	—	—	17.8	含砾卵石
114	绵竹市土门镇	Ⅸ	—	—	—	农田大量喷水冒砂，一陷坑直径 4.0m 充满水	—	—	—	
115	绵阳市武都村	Ⅸ	6.3	1.6	—	多处喷砂冒水，一地裂缝穿过六户农家房屋倒塌，震前水位深 3～7m，震后 0.9m	—	—	—	井水位震前后大变

附录 6

海原大地震部分滑坡汇总

资料来源：《1920 年海原特大地震诱发黄土滑坡图集》

附表 6-1　　吉西县海原大地震部分滑坡汇总表

序号	位置总称	地震烈度	滑坡体								坡体描述及命名
			现状					原状		滑动方向	
			长/m	宽/m	平均厚度/m	体积/万 m^3	坡角/(°)	坡高/m	坡角/(°)		
1	红耀乡驼昌村常家垴滑坡	Ⅸ	310	160	13	64.48	8	62	17	300	坡体平面呈三角形，坡面起伏，前缘为开阔农田。后缘及左右未滑体，呈陡坡状，坡面植被茂密。 中深中倾角中台中型滑坡
2	红耀乡驼昌村窑家上滑坡	Ⅸ	560	450	14	352.8	9	117	19	260	坡体平面呈不规则形，坡面起伏多变且多为台田，有村舍，后缘有陡壁。植被较茂密。 中深中倾高台中型滑坡
3	红耀乡驼昌村上垴组 2 号滑坡	Ⅸ	480	450	9	194.4	8	65	17	70	坡体平面呈矩形，坡面上部坡陡，中部有村舍。前缘坎下为农田。后缘及左右未滑体低坎前多坡积物。 浅层中倾中台中型滑坡
4	吉强镇大路村夏家湾 3 号滑坡	Ⅹ	650	620	12	483.6	8	58	13	104	坡体平面呈矩形，坡面多台阶前缘有村舍农田，后缘及左右未滑坡体呈陡坎。 中深中倾中台中型滑坡
5	吉强镇大路村一组 1 号滑坡	Ⅹ	650	350	20	455	5	84	15	252	坡体平面呈舌型，坡面上部为斜坡，中部呈台阶状梯田，前缘平整较广阔，为农田、农舍。后缘及左右未滑体呈低坎，坎前为坡积斜坡。 中深中倾中台中型滑坡
6	吉强镇大路村一组 2 号滑坡	Ⅸ	600	280	17	285.6	9	83	17.2	277	坡体平面呈矩形，坡面后缘为斜坡，中部左右向呈波浪形，前缘农台田、村舍，后缘未滑体为缓坡，左右侧有低坎。 中深中倾中台中型滑坡

续表

序号	位置总称	地震烈度	滑坡体								坡体描述及命名
			现状					原状		滑动方向	
			长/m	宽/m	平均厚度/m	体积/万 m^3	坡角/(°)	坡高/m	坡角/(°)		
7	吉强镇夏家湾2号滑坡	Ⅹ	760	200	10	152	8	150	15	330	坡体平面成半圆形，坡上缘为低坎斜坡，前缘多平坦台田，后缘及左右未滑体，呈多级低坎。 浅层中倾高台中型滑坡
8	红耀乡驼昌村西湾3号滑坡	Ⅸ	425	550	12	280.5	7	75	20	20	坡体平面呈不规则形，坡面较缓，前缘有台田，公路。后缘及左右未滑体多级低坎。 中深中倾高台中型滑坡
9	吉强镇韩垴村2号滑坡	Ⅸ	704	357	25	628.3	7	96	13	290	坡体平面呈半椭圆形，坡多级台阶，前缘有农田。后缘及左右未滑体呈多级台阶。 深层中倾中台大型滑坡
10	吉强镇韩垴村3号滑坡	Ⅸ	180	75	20	27.0	5	33	20.7	0	坡体平面成舌形，坡面为多层台田，前缘为河，后缘及左右侧未滑体为低坎。 中深中倾低台小型滑坡
11	吉强镇大路村3号滑坡	Ⅸ	450	250	20	225	4	79	13	315	坡体平面成舌形，坡面上部坡陡，下部低坎坡缓。前缘有坎，后缘及左右未滑体呈陡坎。 中深中倾中台中型滑坡
12	吉强镇大夏路村三组3号滑坡	Ⅹ	250	350	20	175	12	100	17	210	坡体平面呈半椭圆形，坡面较倾斜，前缘有坎，坎下为公路，后缘及左右未滑体呈陡坎。 中深中倾高台中型滑坡
13	吉强镇夏大路村上堡子2号滑坡	Ⅸ	400	170	8	54.4	6	75	12	274	坡体平面呈三角形，坡后缘坡较陡，中部为村舍，前缘为台田，后缘缓坡有低坎，左侧坡缓，右侧呈低坎。 浅层中倾中台中型滑坡
14	吉强镇韩垴庙湾5号滑坡	Ⅸ	873	387	40	1351.4	3	113	14.1	145	坡体平面不规则，坡面上部倾斜，下部平坦梯田，后缘及左右未滑体为陡坎，少有堆积物。 深层中倾高台特大型滑坡

续表

序号	位置总称	地震烈度	滑坡体								坡体描述及命名
			现状					原状		滑动方向	
			长/m	宽/m	平均厚度/m	体积/万 m^3	坡角/(°)	坡高/m	坡角/(°)		
15	吉强镇红泉岘村1号滑坡	Ⅸ	441	340	15	224.9	7	106	15	300	坡体不规则，坡面中间凹，上部斜坡下部为台田，后缘及左右侧未滑体，为陡坎。 中深中倾高台中型滑坡
16	吉强镇龙王坝村滑坡	Ⅸ	654	157	25	256.7	11	88	16.7	145	坡体舌形，坡面多为梯田，前缘为沟，后缘及左右侧未滑体为陡坎，少坡积物。 深层中倾中台中型滑坡
17	马建乡白虎村白虎堖1号滑坡	Ⅸ	700	350	15	367.5	5	90	16	270	坡面呈三角形，坡面上陡下缓，台阶上有村庄梯田，后缘及左右未滑体为陡坎。 中深中倾中台中型滑坡
18	马建乡白虎村白虎堖2号滑坡	Ⅸ	500	200	20	200	4	63	16	60	坡体不规则，上部为斜坡，下部平整为农田。后缘及左右未滑体，为低坎。 中深中倾中台中型滑坡
19	马建乡白虎村白虎堖5号滑坡	Ⅸ	600	300	8	144	5	50	21	65	坡体舌形，坡面阶梯状，前部有村庄农田。后缘及左右未滑体为高低不等陡坎。 浅层中倾低台中型滑坡
20	马建乡周吴村下堡川3号滑坡	Ⅸ	360	230	7	57.96	9	40	25	100	坡体平面不规则，坡面上部为斜坡及台阶，下部平整台阶式农田，后缘及左右未滑体为陡坎。 浅层陡倾低台中型滑坡
21	马建乡周吴村屈家堖1号滑坡	Ⅸ	480	380	15	273.6	6	80	11	43	坡体平面形态不规则，坡面为台阶式，前缘为平坦农田，后缘及左右未滑体为陡坎，坎前坡积物较多。右侧坡前有冲沟。 中深中倾中台中型滑坡
22	马建乡台子村高庄廓5号滑坡	Ⅸ	288	160	13	59.9	7	65	18	345	坡体平面矩形，坡面多台阶，前缘为农田，后缘及左右未滑体为低坎。 中深中倾中台中型滑坡

续表

序号	位置总称	地震烈度	滑坡体								坡体描述及命名
			现状					原状		滑动方向	
			长/m	宽/m	平均厚度/m	体积/万 m^3	坡角/(°)	坡高/m	坡角/(°)		
23	马建乡台子村 高庄廓9号滑坡	Ⅸ	600	200	12	144	5	50	27	81	坡体平面为舌形，坡面上部坡较陡，下部为台田，临沟，后缘及左右未滑体为陡坎。 中深陡倾低台中型滑坡
24	马建乡台子村 高庄廓10号滑坡	Ⅸ	670	270	8	144.7	9	75	26	97	坡体平面形态不规则，坡面上部坡较陡，下部为梯田，后缘及左右未滑体呈台阶式低坎。 浅层陡倾中台中型滑坡
25	马建乡台子村 孟家咀1号滑坡	Ⅸ	530	284	10	150.5	10	64	16	275	坡体平面不规则形态，坡面多级台坎，前缘较平整，前缘有浅沟。 浅层中倾中台中型滑坡
26	马建乡台子村 孟家咀2号滑坡	Ⅸ	300	210	23	50.4	5	55	23	46	坡体坡面呈半椭圆形，坡面呈多台阶状，有农田，坡后缘及左右未滑体为陡坎。 中深中倾中台中型滑坡
27	马建乡台子村 孟家咀3号滑坡	Ⅸ	660	400	8	211.2	5	89	28	340	坡平面不规则，坡面上部坡度较陡，前部为农田，后缘及左右侧未滑体为陡坎。 浅层陡倾中台中型滑坡
28	马建乡台子村 台子垴1号滑坡	Ⅸ	360	170	25	153	12	81	14.5	63	坡平面呈三角形。坡面上部左右低洼中间突高，下部为农田有小路。后缘及左右未滑体为低坎。 深层中倾中台中型滑坡
29	马建乡台子村 台子垴2号滑坡	Ⅸ	840	600	25	1260	10	122	18.2	80	坡体平面不规则，坡面为阶梯状缓坡，中部及前缘有村舍及广阔农田。后缘及左右侧未滑体为低坎。 深层中倾高台特大型滑坡
30	马建乡台子村 镇儿岔1号滑坡	Ⅸ	330	500	8	132	15	58	26	345	坡体平面半椭圆形，台阶形坡面，左右呈波浪形，前缘为台田。后缘及左右未滑体为坎。 浅层陡倾中台中型滑坡

续表

序号	位置总称	地震烈度	滑坡体								坡体描述及命名
			现状					原状		滑动方向	
			长/m	宽/m	平均厚度/m	体积/万 m^3	坡角/(°)	坡高/m	坡角/(°)		
31	马建乡台子村孟家咀 3 号滑坡	Ⅸ	282	133	8	30	7	54	17	98	坡体平面半椭圆形，台阶形坡面，前缘有村舍和农田。后缘及左右未滑体呈数级坎状。 浅层中倾中台小型滑坡
32	马建乡刘堖村中庄组 1 号滑坡	Ⅸ	1100	210	10	231	7	153	14	80	坡体平面不规则，坡面后缘为斜坡。中部及下部为台田。后缘及左右未滑体成坎，前有坡积物使坡面中间凹洼。 浅层中倾高台中型滑坡
33	马建乡刘堖村中庄 2 号滑坡	Ⅸ	400	115	8	36.8	8	128	19	15	坡体平面不规则，坡面上部阶梯状斜坡。中、下部左右高中间凹，前缘有农田。后缘及左右未滑体为低坎。 浅层中倾高台小型滑坡
34	马建乡刘堖村上堖组 1 号滑坡	Ⅸ	650	450	25	721	12	109	17	80	坡体平面呈三角形，坡面上部斜坡左右两边上跷，前缘为农田，后缘及左右未滑体呈陡坎状。 深层中倾高台大型滑坡
35	马建乡刘堖村上堖组 6 号滑坡	Ⅸ	500	400	30	600	8	70	21	307	坡体平面不规则，坡面上中部为多级台阶，前缘为农田有公路。后缘及左右未滑体多陡坎。 深层中倾中台大型滑坡
36	马建乡刘堖村上堖组 7 号滑坡	Ⅸ	500	200	20	200	5	67	18	345	坡体平面呈舌形，坡面为多层台阶，上部较陡，下部为梯田、道路。后缘及左侧未滑体为陡坎，左侧多缓坡。 中深中倾中台中型滑坡
37	马建乡佑家山村车家南山组 1 号滑坡	Ⅸ	520	330	16	274.5	6	117	15	330	坡体平面呈舌形，坡面多台阶，前缘有耕地。后缘及左右未滑体为陡坎、坎前多坡积物。 中深中倾高台中型滑坡
38	马建乡佑家山村车家南山组 2 号滑坡	Ⅸ	939	475	25	1115	5	134	11	310	坡体平面呈舌形，坡面为多级台阶，前缘为农田农舍，黄土裸露，坡体后缘及左右未滑体为低坎，坎前有坡积物。 深层中倾高台特大型滑坡

续表

序号	位置总称	地震烈度	滑坡体								坡体描述及命名
			现状					原状		滑动方向	
			长/m	宽/m	平均厚度/m	体积/万 m^3	坡角/(°)	坡高/m	坡角/(°)		
39	马建乡白台村下湾组滑坡	Ⅸ	1050	323	20	678.3	8	131	10	320	坡体平面呈舌形、坡面为多级台阶，前缘临河，岸边有民居农田。坡体后缘及左右未滑体呈陡坎，坎前有坡积物。 中深低倾高台大型滑坡
40	马建乡西岔村1号滑坡	Ⅸ	723	442	35	1118.4	5	129	15.8	70	坡体平面不规则，坡面为斜坡。前缘平坦开阔有农田村庄。坡后缘及左右两侧未滑体为陡坡，坎前有坡积物。 深层中倾高台特大型滑坡
41	马建乡西岔村2号滑坡	Ⅸ	856	390	20	667.6	6	122	24	60	坡体平面不规则，坡面中间洼左右高，前缘农田黄土裸露。坡后缘及两侧未滑体为陡坎，坎下多坡积物。 中深中倾高台中型滑坡
42	马建乡通化村东湾组滑坡	Ⅸ	610	320	10	195.2	4	110	12	85	坡体平面不规则，坡面缓倾向下，高低不平，前缘为农田。坡后缘及左右未滑体为较高陡坡。 浅层中倾高台中型滑坡
43	马建乡通化村上沟里组2号滑坡	Ⅸ	520	245	30	382.2	7	62	13.3	50	坡体平面不规则，坡面上部为较陡斜坡，下部为台阶，前缘为农田，坡后缘及左右侧未滑体陡坎连续。 深层中倾中台中型滑坡
44	马建乡刘岔村2号滑坡	Ⅸ	374	198	25	185.1	2.3	67	19.1	16	坡体平面呈舌形。坡面多台阶，前缘农田平整，有村庄。坡后缘及左右未滑体陡低，坎前多坡积物。 深层中倾中台中型滑坡
45	马建乡上树坪村滑坡	Ⅸ	388	347	20	269.2	12	110	15	325	坡体平面呈三角形，坡面倾斜规则，坡后缘及左右侧未滑体为陡坎。 中深中倾高台中型滑坡
46	平峰乡王庆村王堡子湾组滑坡	Ⅸ	350	177	14	86.7	6	104	18	240	坡体平面呈三角形，坡面多坎前缓有农田。坡后缘及左右侧未滑体有数级陡坎，黄土裸露。 中深中倾高台中型滑坡

续表

序号	位置总称	地震烈度	滑坡体								坡体描述及命名
			现状					原状		滑动方向	
			长/m	宽/m	平均厚度/m	体积/万 m^3	坡角/(°)	坡高/m	坡角/(°)		
47	平峰乡王庆村新堡组滑坡	Ⅸ	710	760	15	809	8	119	19	133	坡体平面呈三角形，坡面呈多级起伏台阶，前缘有农田农舍，黄土裸露，后缘及左右两侧未滑体为陡坡，坎下多坡积物。 中深中倾高台大型滑坡
48	平峰乡三合村潘沟组1号滑坡	Ⅸ	832	298	15	317.9	6	154	16.3	70	坡体平面呈舌形，坡面多为斜坡，前缘有低陡坎台阶农田、公路。后缘及左右两侧未滑体呈斜坡（被坡积物覆盖）。 中深中倾高台中型滑坡
49	平峰乡新堡村东坡组1号滑坡	Ⅸ	777	180	15	209.7	5	157	15	271	坡体平面呈舌形，坡面为多阶式，前缘有农田、农舍。坡后缘及两侧未滑体多被坡积物掩盖。 中深中倾高台中型滑坡
50	平峰乡新堡村东坡组3号滑坡	Ⅸ	660	230	20	303.6	4	150	16	290	坡体平面呈舌形，坡面多台阶，前缘为农田、土路。坡后缘及左右两侧未滑体为陡坡且多被坡积物掩盖。 中深中倾高台中型滑坡
51	平峰乡三合村马家塌山组1号滑坡	Ⅸ	890	300	40	1068	0.7	119	15.4	75	坡体平面不规则，坡面右边为沟，中部多台阶，前缘平坦有农舍农田，坡后缘及左右两侧陡坎多被坡积物掩盖。 深层中倾高台特大型滑坡
52	平峰乡新堡村西坡组1号滑坡	Ⅸ	800	150	18	216	4	130	12	100	坡体平面呈矩形，坡面多为台阶，前缘有农舍农田。坡后缘及左右两侧未滑体为陡坎，坎前有坡积物。 中深中倾高台中型滑坡
53	平峰乡庙坪村杨坡组1号滑坡	Ⅸ	1370	286	20	783.6	3	145	13.7	200	坡体平面呈舌形，坡面上部坡较陡，下部呈多级台阶，前缘开阔为农田，后缘及左右两侧未滑体为陡坡，坎前有坡积物。 中深中倾高台大型滑坡

续表

序号	位置总称	地震烈度	滑坡体							滑动方向	坡体描述及命名
			现状					原状			
			长/m	宽/m	平均厚度/m	体积/万 m^3	坡角/(°)	坡高/m	坡角/(°)		
54	平峰乡新堡村西坡组 2 号滑坡	Ⅸ	700	400	18	504	3	125	15	260	滑坡平面呈舌形，坡面多台阶，前缘有农田，顺坡向有冲沟。坡后缘及左右未滑体多为陡坡。 中深中倾高台大型滑坡
55	平峰乡戴家堖组 2 号滑坡	Ⅸ	757	309	18	421	5	142	21.4	290	坡体平面呈半椭圆形。坡面陡倾，前缘有村庄农田。坡后缘连续数个低坎，坎前多坡积物，左右两侧为坎，坎前堆积坡积物。 中深中倾高台大型滑坡
56	平峰乡权岔村王大汉组 1 号滑坡	Ⅸ	715	298	40	852.28	5	130	15.4	258	坡体平面呈半椭圆形，坡面上部坡缓有公路及农田。坡后缘多级低坎，左右未滑体为低坎，坎前有坡积物。 深层中倾高台大型滑坡
57	平峰乡王湾村燕麦高家组 4 号滑坡	Ⅸ	320	240	15	115.2	6	60	16	265	坡体呈三角形，坡面为多级台阶，前缘有公路，农田，坡后缘及左右侧未滑体连续陡坎。 中深中倾中台中型滑坡
58	平峰乡金塘村红土坡东侧 1 号滑坡	Ⅸ	1113	310	8	276	6	130	16	115	破体平面呈矩形，坡面上部陡、下部多台田，坡后缘及左右未滑体为坎，坎前少有堆积物。 浅层中倾高台中型滑坡
59	平峰乡金塘村金塘组 2 号滑坡	Ⅸ	600	250	12	180	3	100	20	225	坡体平面呈舌形，坡面多低坎，前缘有公路农田，后缘及左右未滑体数层低坎，坎前有坡积物。 中深中倾高台中型滑坡
60	平峰乡金塘村 1 号滑坡	Ⅸ	878	340	15	447.7	6	110	11	90	坡体平面呈半椭圆形，坡面多台阶，前缘有农田，坡后缘及左右未滑体为连续陡坎。 中深中倾高台中型滑坡

续表

序号	位置总称	地震烈度	滑坡体								坡体描述及命名
			现状					原状		滑动方向	
			长/m	宽/m	平均厚度/m	体积/万 m^3	坡角/(°)	坡高/m	坡角/(°)		
61	平峰乡金塘村2号滑坡	Ⅸ	774	252	30	585	8	129	17.7	330	坡体平面呈舌形，坡面多台阶状，坡后缘及左右未滑体为台阶式缓坡。 中深中倾高台大型滑坡
62	平峰乡金塘村3号滑坡	Ⅸ	670	467	20	623.7	5	80	16.8	210	坡体平面呈半椭圆形，坡面多台阶，前缘为农田、水塘，后缘成陡坎。 中深中倾中台大型滑坡
63	平峰乡金塘村王家湾组滑坡	Ⅸ	420	360	12	181.4	7	77	14	300	坡体平面呈三角形，坡面多台阶，前缘有农田、公路，坡后缘及左右侧未滑动体为低坎，坎前有坡积物。 中深中倾中台中型滑坡
64	平峰乡西坡村方刘家组1号滑坡	Ⅸ	390	196	10	76.4	6	30	14	295	坡体平面呈半椭圆形，坡面为多级台阶状。坡后缘及左右未滑体为低坎。 浅层中倾低台中型滑坡
65	平峰乡西坡村方刘家组2号滑坡	Ⅸ	460	1056	12	580.7	10	70	15	90	坡体平面呈矩形，坡面多台阶，前缘为梯田。后缘及左右未滑梯为低坎，坎前有坡积物。 中深中倾中台大型滑坡
66	平峰乡西坡村杨家岔组1号滑坡	Ⅸ	770	610	8	375	4	110	14	280	坡体平面呈半椭圆形，坡面上部为斜坡，中部多坎，下部为农田。坡后缘及左右未滑体为坎。 浅层中倾高台中型滑坡
67	平峰乡西坡村杨家岔组2号滑坡	Ⅸ	1068	362	20	773	4	90	16	320	坡体平面呈三角形，台面多级台阶式农田，坡后缘及左右未滑体呈低坎连续。 中深中倾中台大型滑坡
68	平峰乡西坡村杨家岔组杨家岔东坡滑坡	Ⅸ	743	527	30	1174	10	105	19.4	244	坡体平面呈矩形，坡面多级台阶成农田并有农舍。坡后缘及左右未滑体为低坎。 深层中倾高台特大型滑坡

续表

序号	位置总称	地震烈度	滑坡体								坡体描述及命名
			现状					原状		滑动方向	
			长/m	宽/m	平均厚度/m	体积/万 m³	坡角/(°)	坡高/m	坡角/(°)		
69	平峰乡西坡村杨家四岔组2号滑坡	Ⅸ	811	384	30	934	7	93	19	255	坡体平面呈半椭圆形，坡面为多阶梯农田，有农舍。坡后缘及两侧未滑部分成高陡坎。 深层中倾中台大型滑坡
70	平峰乡韩家福组滑坡	Ⅸ	820	560	10	459	5	105	11	300	坡体平面呈矩形，坡面后缘及两边未滑体呈陡坎。 浅层中倾高台中型滑坡
71	平峰乡民和村沈咀组滑坡	Ⅸ	1000	518	14	725	5	88	13	335	坡体平面呈矩形，坡面发育冲沟，后缘及两侧未滑体呈陡坎。 中深中倾中台大型滑坡
72	田坪乡三岔垴滑坡	Ⅸ	2430	800	14	2721	4	173	14	24	坡体平面不规则，前缘已有农田农舍，后缘及左右侧未滑体为陡坎。 中深中倾高台特大型滑坡
73	田坪乡董家村大湾组2号滑坡	Ⅸ	600	400	10	240	4	100	14	45	坡体平面不规则，前缘成农田，后缘及左右未滑部分成坎。 浅层中倾高台中型滑坡
74	西坪乡董家村大湾组3号滑坡	Ⅸ	1200	400	10	480	4	100	15	50	坡体平面不规则，坡面多级台阶，中间有冲沟，前缘有农田村舍，后缘及左右未滑体为坎，坎前有坡积物。 浅层中倾高台中型滑坡
75	田坪乡黄岔村上黄岔2号滑坡	Ⅸ	1500	350	12	630	4	110	13	335	坡体平面不规则，坡面前缘成农田、公路。后缘及两侧未滑体成连续陡坎。 中深中倾高台大型滑坡
76	田坪乡腰庄村3号滑坡	Ⅸ	500	420	35	735	7.9	109	30	310	坡体平面不规则，坡面前缘呈阶梯状农田，后缘未滑动成陡坎，两侧未滑动部分为高低不等陡坎。 深层陡倾高台大型滑坡

续表

序号	位置总称	地震烈度	滑坡体								坡体描述及命名
			现状					原状		滑动方向	
			长/m	宽/m	平均厚度/m	体积/万 m^3	坡角/(°)	坡高/m	坡角/(°)		
77	田坪乡黄岔村黄岔2号滑坡	Ⅸ	1500	350	12	630	4	110	13	335	滑体平面呈不规则形。坡体前缘成农田，有农作物及成材树木，坡后缘及左右两侧未滑部分成陡坎。 中深中倾高台大型滑坡
78	田坪乡黄岔村上黄岔3号滑坡	Ⅸ	500	260	15	195	6	62	12.3	0	坡体平面呈半圆形，坡体前缘成农田及小路，坡体后缘及两侧未滑部分成高陡坡。 中深中倾中台中型滑坡
79	田坪乡黄岔村上黄岔4号滑坡	Ⅸ	100	172	8	13.7	—	59	—	96	坡体平面形态不规则，坡面已成农田、坡体后缘及西侧未滑部分呈陡坎。 浅层中台小型滑坡
80	田坪乡燕李村1号滑坡	Ⅸ	600	400	20	480	6	100	20	50	坡体平面呈舌形、多阶状，大部分已成农田和村落，坡后缘及左侧未滑部分成高角度斜坡，右侧界线不明。 中深中倾高台中型滑坡
81	田坪乡上阳山村1号滑坡	Ⅸ	474	265	25	314	7.2	94	22	353	坡体平面形态不规则，坡面大部成农田，后缘坡（未滑）高低不等，呈斜坡，左右未滑动部分呈陡坡。 深层中倾中台中型滑坡
82	田坪乡万羊村李家2号滑坡	Ⅸ	314	181	25	142	10	82	19	10	坡体平面呈三角形，坡面多梯田。后缘及左右侧未滑部分为斜坡。 深层中倾中台中型滑坡
83	田坪乡井合湾村1号滑坡	Ⅸ	170	250	15	63.7	28	94	59	45	坡体平面呈半圆形，坡面大部成农田及土路，后缘及两侧未滑动部分为低陡坡。 中深陡倾中台中型滑坡
84	兴平乡堡湾村下马达子滑坡	Ⅸ	950	260	12	296	7	156	12	310	坡体平面呈舌形，坡面大部分成农田、农舍，坡后缘未滑动部分为斜坡，两侧陡坡前有坡积物。 中深中倾高台中型滑坡

续表

序号	位置总称	地震烈度	滑坡体								坡体描述及命名
			现状					原状		滑动方向	
			长/m	宽/m	平均厚度/m	体积/万 m^3	坡角/(°)	坡高/m	坡角/(°)		
85	兴坪乡马沟村顺家堖组3号滑坡	Ⅸ	1000	200	15	300	5	106	9	280	坡体平面呈舌形。坡面已成农田有农舍。 后缘未滑部分及两侧为低矮陡坡。 中深低倾高台中型滑坡
86	兴坪乡四方沟村滑坡	Ⅸ	1200	480	20	1152	10	132	15	300	坡体平面呈舌形。坡面为缓坡，前缘为公路，后缘及两侧未滑部分为斜坡。 中深中倾高台特大型滑坡
87	兴坪乡韩堖村小岔组2号滑坡	Ⅸ	440	220	13	125	8	77	16	85	坡体平面不规则，坡面已有民居及耕地，后缘未滑部分为斜坡且低。左侧大部为陡坡，右侧大部为缓坡低坎。 中深中倾中台中型滑坡
88	兴坪乡韩堖村滑坡群	Ⅸ	1500	350	11	577.5	4	98	11	170	坡体平面不规则，可见两个滑坡体并联滑动。坡体前缘有路，后缘和两侧未滑动部分多呈缓坡，左侧呈陡壁坎下有冲沟，右侧呈斜坡。 中深中倾中台大型滑坡
89	兴坪乡韩堖村头道湾组滑坡	Ⅸ	650	448	12	349	6	150	13	275	坡体平面呈半椭圆形，坡面平缓，前缘有民居和公路耕地，后缘未滑部分为斜坡，左侧为陡坎，右侧为缓坡。 中深中倾高台中型滑坡
90	兴坪乡韩堖村老坟湾组1号滑坡	Ⅸ	1500	260	10	390	3	106	13	285	坡体平面呈舌形，坡面为平缓，前缘有台田，后缘及左右侧未滑动体呈低坎。 浅层中倾高台中型滑坡
91	兴坪乡韩堖村小队组滑坡	Ⅸ	480	390	13	243	8	88	16	70	坡体平面呈半圆形，缓坡，前缘为农田农舍。后缘及左侧未滑体呈低陡坎，右侧为缓坡。 中深中倾中台中型滑坡

续表

序号	位置总称	地震烈度	滑坡体								坡体描述及命名
			现状					原状		滑动方向	
			长/m	宽/m	平均厚度/m	体积/万 m^3	坡角/(°)	坡高/m	坡角/(°)		
92	兴坪乡毛坪村槐儿岔墒组滑坡	Ⅸ	400	180	25	180	9	110	16	75	坡体平面呈舌形。坡面呈台阶状，后缘及两侧未滑动部分呈低矮陡坎。 深层中倾高台中型滑坡
93	兴坪乡杨岔村榆树庄组滑坡	Ⅸ	560	330	20	369	6	103	13	300	坡体平面呈舌形，大部坡面为台阶农田，坡后缘及左侧未滑部分为低坎，坎下有民居，右侧少部陡坎处有崖洞。 中深中倾高台中型滑坡
94	兴坪乡杨坪村小山东坡组滑坡	Ⅸ	550	670	15	552	5	102	16	280	坡体平面呈矩形。坡面为缓坡已有农田和民居，后缘及左右侧未滑动部分呈低坎、缓坡。 中深中倾高台大型滑坡
95	兴坪乡杨坪东坡组滑坡	Ⅸ	680	430	16	467	7	120	25	280	坡体平面呈舌形，坡面为缓坡，前缘有民居和耕地，后缘及两测呈低坎。 中深陡倾高台中型滑坡
96	兴坪乡杨坪村下山坡组 3 号滑坡	Ⅸ	400	300	10	120	4	85	15	75	坡体平面呈半椭圆形，坡面缓倾，前缘为农田。后缘及两侧未滑部分为低坎或缓坡，右侧坎上有民居。 浅层中倾中高中型滑坡
97	兴坪乡杨坪村上墒组滑坡	Ⅸ	150	400	12	72	6	30	16	270	坡体平面呈三角形，坡面为缓坡，前缘为耕地。后缘及左右两侧未滑部分为低坎。 中深中倾低台中型滑坡
98	兴坪乡王湾村下窑家组 1 号滑坡	Ⅸ	660	736	15	728	8	86	15.7	240	坡体平面呈三角形，坡面缓倾，前缘为农田，后缘及左侧未滑部分为陡坎。右侧为台阶式矮坎。 中深中倾中台大型滑坡

续表

序号	位置总称	地震烈度	滑坡体								坡体描述及命名
			现状					原状		滑动方向	
			长/m	宽/m	平均厚度/m	体积/万 m^3	坡角/(°)	坡高/m	坡角/(°)		
99	兴坪乡王湾村下窑家组 2 号滑坡	Ⅸ	174	145	40	100.9	2	46	18.7	85	坡体平面呈舌形，坡面多矮坎，前缘成农田。后缘及两侧未滑部分呈不规则陡坎。 深层中倾低台中型滑坡
100	兴坪乡王湾村王湾组 2 号滑坡	Ⅸ	613	210	20	257	8	102	19.4	285	坡体平面呈半椭圆形，多级不规则坡面，前缘已有农田。树木直立（为滑坡后成长）。 中深中倾高台中型滑坡
101	兴坪乡高赵村郭家川组 1 号滑坡	Ⅸ	535	396	28	593	3	36	13.1	47	坡体平面呈矩形，多阶不规则坡面，前缘多为农田，后缘及左右侧未滑体多为多级低坎。 深层中倾中台大型滑坡
102	兴坪乡高赵村高赵东坡组滑坡	Ⅸ	300	268	10	80.4	0	62	17.2	70	坡体平面不规则，坡面平坦，多为农田，坡前缘积水（说滑坡已滑到对岸成堰），后缘及左右侧未滑体呈高低不等陡坎。 浅层中倾中台小型滑坡
103	兴坪乡高赵村高赵堖组滑坡	Ⅸ	600	122	40	292	7	106	14.6	40	坡体平面呈舌形，坡面多阶，前缘成农田，后缘未滑体为斜坡，左右两侧呈不规则陡坡。 深层中倾高台中型滑坡
104	兴坪乡友爱村滑坡	Ⅸ	700	640	10	448	3	89	17.8	272	坡体平面呈矩形，坡面多为平地有农田、农舍，后缘未滑体为斜坡，左右两侧为陡坡。 浅层中倾中台中型滑坡
105	西滩村白家甘岔村张家湾组 1 号滑坡	Ⅸ	1300	230	10	299	4	136	10	308	坡体平面呈矩形，坡面平缓，前缘有民居，坎下为公路。后缘及两侧未滑部分为斜坡。 浅层缓倾高台中型滑坡

续表

序号	位置总称	地震烈度	滑坡体								坡体描述及命名
			现状					原状		滑动方向	
			长/m	宽/m	平均厚度/m	体积/万 m^3	坡角/(°)	坡高/m	坡角/(°)		
106	西滩村白家甘岔村张家湾组2号滑坡	Ⅸ	840	300	12	302	6	130	14	100	坡体平面不规则，坡面后部为台阶，前缘成农田并有公路，后缘及两侧未滑体呈不规则坡坎。 中深中倾高台中型滑坡
107	西滩乡何家湾1号滑坡	Ⅸ	509	366	15	279	3	62	12.5	280	坡体平面不规则，坡面为缓坡状，少有的坎上有民居及公路，后缘及两侧未滑体呈低坎缓坡。 中深中倾中台中型滑坡
108	西滩乡何家湾2号滑坡	Ⅸ	815	1079	20	1758	5	154	18	255	坡体平面不规则，坡面缓倾多台阶，已有农舍、农田。后缘及左右未滑体多斜坡少陡坎。 中深中倾高台特大型滑坡
109	震湖乡姚儿湾村1号滑坡	Ⅸ	500	185	18	105	9	94	27	60	坡体平面呈半椭圆形，坡面缓倾，前缘为农田，后缘及左右两侧未滑体为陡坎、陡坡。 中深高倾中台中型滑坡
110	震湖乡姚儿湾村2号滑坡	Ⅸ	150	143	10	38.3	16	40	25	313	坡体平面呈舌形，坡面高低无序，前缘部分有农田，后缘及左右两侧未滑体多不规则陡坎。 浅层高倾低台小型滑坡
111	震湖乡树儿湾1号滑坡	Ⅸ	586	485	30	696	19.1	120	30	310	坡体平面呈舌形，坡面为多台阶，前缘有公路；后缘及左右两侧未滑体陡坎，坎下多坡积物。 深层陡倾高台大型滑坡
112	震湖乡潘家湾村1号滑坡	Ⅸ	154	237	25	272	12.6	154	17	80	坡体平面呈半椭圆形，坡面呈多级台阶，坡前缘为农田，后缘及左右两侧未滑动部分为低坎。 深层中倾高台中型滑坡
113	震湖乡潘家湾村2号滑坡	Ⅸ	355	630	35	507	11	105	25	287	坡体平面不规则，坡面多层梯田，坡后缘及两侧来未滑动部分低坎缓坡。 深层陡倾高台大型滑坡

续表

序号	位置总称	地震烈度	滑坡体								坡体描述及命名
			现状					原状		滑动方向	
			长/m	宽/m	平均厚度/m	体积/万 m^3	坡角/(°)	坡高/m	坡角/(°)		
114	震湖乡孟家湾村滑坡	Ⅸ	450	550	20	495	11	127	15	245	坡体平面呈矩形，坡面平缓，前缘成农田。后缘及左右两侧未滑体坡缓坎低，右侧台顶有民居。 中深中倾高台中型滑坡
115	震湖乡孟家湾村沈家嘴1号滑坡	Ⅸ	500	300	20	300	10	59	22	65	坡体平面呈三角形，坡面平缓，前缘有农田、农舍；后缘及左右侧未滑体陡坎低，坡脚有坡积物。 中深中倾中台中型滑坡
116	震湖乡孟家湾村沈家嘴2号滑坡	Ⅸ	820	300	20	492	2	95	18	40	坡体平面呈三角形，坡面为缓坡，前缘有农田和公路，后缘和左后未滑体坎低，坡脚有坡积物。 中深中倾中高中型滑坡
117	震湖乡孟家湾村沈家嘴3号滑坡	Ⅸ	800	400	30	960	10	119	16	65	坡体平面呈半椭圆形，坡面上部为缓坡，下部前缘为梯田。 深层中倾高台大型滑坡
118	震湖乡孟家湾村沈家嘴4号滑坡	Ⅸ	420	250	20	210	8	73	12	35	坡体平面呈半椭圆形，坡面缓倾，前缘成农田有公路，后缘及左右两侧未滑体多低坎。 中深中倾中台中型滑坡
119	震湖乡孟家湾村沈家吊岔滑坡	Ⅸ	360	240	16	141	10	73	22	60	坡体平面不规则，坡面缓，前缘为农田，后缘及左右未滑体多陡坎。 中深中倾中台中型滑坡
120	震湖乡苏堡村红土川1号滑坡	Ⅸ	1000	500	8	440	4	105	20	65	坡体平面呈矩形，坡面为缓坡，前缘有农田、厂区、农舍；后缘及左右两侧为缓坡。 浅层中倾高台中型滑坡
121	震湖乡苏堡村滑坡	Ⅸ	1435	400	3C	1722	3	153	12	340	坡体平面不规则，坡面为缓倾斜坡，前缘有村落及农田；后缘及左右未滑体为斜坡。 深层中倾高台特大型滑坡

续表

序号	位置总称	地震烈度	滑坡体								坡体描述及命名
			现状					原状		滑动方向	
			长/m	宽/m	平均厚度/m	体积/万 m^3	坡角/(°)	坡高/m	坡角/(°)		
122	震湖乡王坪村 1 号滑坡	Ⅸ	1450	420	30	1827	10	160	20	55	坡体平面不规则，坡面缓倾多阶，有农田。后缘及左右两侧未滑体多斜坡。 深层中倾高台特大型滑坡
123	震湖乡王坪村 2 号滑坡	Ⅸ	1480	360	25	1332	11	160	18	25	坡体平面不规则，坡面多为梯田，后缘及两侧坎连续。 深层中倾高台特大型滑坡
124	震湖乡党家 岔震湖西侧滑坡 距县城 38km	Ⅸ	380	300	12	136.8	7	68	21	81	本地震湖由左右两岸滑坡体堵塞河道而成，现名称震湖，其规模为亚洲第二。 坡体平面不规则，坡面缓倾，前缘呈堰塞湖。滑坡成群，形成多个堰塞湖，最大一处南北长 3110m、东西宽 600m、水深 12m、最深 30m、蓄水 1120 万 m^3，该滑坡仅为其中之一。 中深中倾中台大型滑坡
125	震湖乡堡王村 大岘湾组滑坡	Ⅸ	546	265	30	434	7	90	15	110	坡体呈三角形，坡面缓倾，前缘成农田，后缘及左侧坡缓坎低，右则多较高陡坎。 深层中倾中台中型滑坡
126	震湖乡堡王村 花岔塬组 1 号滑坡	Ⅸ	1000	313	15	469	7	154	21.3	60	坡体平面呈舌形，坡面后缘为坡，前缘平坦成农田，有公路穿过。后缘及左右未滑体为连续陡坎。 中深中倾高台中型滑坡
127	震湖乡堡王村 花岔塬组 2 号滑坡	Ⅸ	550	420	13	30	2	116	9	30	坡体平面呈半圆形，坡面后陡前缓、多层梯田，坡后缘及左右未滑体为连续陡坎。 中深缓倾高台小型滑坡

续表

序号	位置总称	地震烈度	滑坡体								坡体描述及命名
			现状					原状		滑动方向	
			长/m	宽/m	平均厚度/m	体积/万 m³	坡角/(°)	坡高/m	坡角/(°)		
128	震湖乡立眉村杨湾组滑坡	Ⅸ	832	474	30	1183	8	142	15	90	坡体平面不规则，坡面上部分缓倾，前部平坦有民居农田，后缘及左右两侧未滑动体为低陡坎及坡积物。 深层中倾高台特大型滑坡
129	震湖乡立眉村栏山湾组滑坡	Ⅸ	700	350	30	735	5	107	16	60	坡体平面呈三角形，坡面上部分较陡，前缘平缓有村庄及梯田，后缘及左右未滑体为低坎，坎前有坡积物。 深层中倾高台大型滑坡
130	震湖乡立眉村岔口组滑坡	Ⅸ	620	880	30	1636	3	80	16	100	坡体平面呈矩形，坡面呈多级台阶，坡面农田，坡后缘及左右两侧未滑体为高陡坎。 深层中倾中高特大型滑坡
131	震湖乡和平村和尚岔组滑坡	Ⅸ	450	520	20	468	5	106	15	45	坡体平面呈矩形，坡面上部较陡，下缘平整成农田、有农舍，后缘及左右两侧未滑体低坎坎脚有坡积物。 中深中倾高台中型滑坡
132	震湖乡三合线1号滑坡	Ⅸ	540	450	20	486	8	98	21	300	坡面近似矩形，坡面缓有台阶，前缘有农田公路，后缘及左右未滑体坎低坡缓。 中深中倾中高中型滑坡
133	震湖乡河滩村河垴组滑坡	Ⅸ	450	460	25	517	10	74	16	65	坡体平面为半圆形，坡面上部缓，坡下部呈台阶状，有农由及村舍，坡后缘及左右未滑体为低坎。 深层中倾中台大型滑坡
134	震湖乡张平村小湾组滑坡	Ⅸ	1415	561	17	1349	9.5	96	10.2	312	坡体平西为半椭圆形，坡面多台阶，前缘有积水，后缘及左侧壁未滑体为陡坡，右边坡较缓。 中深中倾中台特大型滑坡

续表

序号	位置总称	地震烈度	滑坡体								坡体描述及命名
			现状					原状		滑动方向	
			长/m	宽/m	平均厚度/m	体积/万 m^3	坡角/(°)	坡高/m	坡角/(°)		
135	震湖乡芦子1号滑坡	Ⅸ	540	352	26	494	3	70	12	90	坡体平面呈三角形，坡面上部为缓坡，下部多级平台耕地，后缘及左右未滑体为高低不等陡坎。 深层中倾中台中型滑坡
136	震湖乡岔口村1号滑坡	Ⅸ	265	160	15	63.6	6	50	18	280	坡体平面不规则，坡面横向呈波浪状，纵向多台阶，有耕地、农舍、公路，后缘及左右未滑体为多级低坎。 中深中倾低台中型滑坡
137	震湖乡岔口村2号滑坡	Ⅸ	345	247	30	256	6	90	23	295	坡体平面不规则，坡面为斜坡，坡前缘有建材场及农舍，坡后缘及左右未滑体为斜坡。 深层中倾中台中型滑坡
138	震湖乡张家大岔村张家大岔组滑坡	Ⅸ	400	200	20	160	5	55	17	275	坡体平面呈半椭圆形，坡面多台阶，中间有顺坡向冲沟，沟前缘左侧有农田，坡后缘及左右侧未滑体为陡坎，坎前有坡积物。 中深中倾中台中型滑坡
139	震湖乡张家大岔村大岔口组1号滑坡	Ⅸ	560	295	20	330	5	75	12.1	340	坡体近似舌形，坡面为波浪形台阶，前缘为农田，未滑后缘及左右侧为数级陡坎。 中深中倾中台中型滑坡
140	震湖乡张家大岔村张家大岔组滑坡	Ⅸ	520	300	8	124	6	80	20	28	坡体平面为半椭圆形，坡面上部为缓坡，下部多台阶梯田。后缘及左右未滑体为低坎。 浅层中倾中台中型滑坡

附表 6－2

海原县海原大地震部分滑坡汇总表

序号	位置总称	地震烈度	滑坡体								坡体描述及命名
			现状					原状		滑动方向	
			长/m	宽/m	平均厚度/m	体积/万 m^3	坡角/(°)	坡高/m	坡角/(°)		
1	九彩乡城儿山东南侧1号滑坡	Ⅹ	770	80	12	74	7	98	19.8	115	坡体平面呈舌形，坡面起伏变化大，坡后缘及两侧未滑体坎低，左右侧为不规则高低丘及沟岔。 中深中倾中台中型滑坡
2	九彩乡城儿山东南侧3号滑坡	Ⅺ～Ⅻ	330	140	10	22.4	16.3	199	21.8	135	坡体平面不规则，坡面高低零乱破碎，后缘及左右未滑体多为斜坡。 浅层中倾高台小型滑坡
3	九彩乡马圈村1号滑坡	Ⅺ～Ⅻ	288	282	26	211.6	4.5	34	10.2	65	坡体平面呈矩形，坡面零乱多陡坎，后缘及两侧未滑体为斜坡。 深层中倾低台中型滑坡
4	九彩乡新庄村1号滑坡	Ⅺ～Ⅻ	600	920	3.5	193.2	2	50	12	106	坡体平面不规则，坡面后缘破碎，前缘有农田。后缘及左侧未滑体为陡坎，右侧多层台阶。 浅层中倾低台中型滑坡
5	九彩乡元套村二道湾组1号滑坡	Ⅺ～Ⅻ	119	70	10.3	8.6	9.8	4.5	24.5	64	坡体平面不规则，坡面破碎，右侧有顺坡向冲沟，后缘及左右未滑体呈低坎。 中深高倾低台小型滑坡
6	九彩乡元套村二道湾组1号滑坡	Ⅺ～Ⅻ	139	51	7.5	5.3	6	43	21.9	55	坡体平面呈舌形，坡面零乱，后缘及左右两侧未滑体呈陡坎，为红层岩土。 浅层中倾低台小型滑坡
7	李俊乡李俊组滑坡	Ⅺ～Ⅻ	542	1700	70	6449	11	200	14.7	150	坡体平面呈半椭圆形，坡面破碎，后壁未滑体为高陡坡，前缘成堰塞湖，改造成水库。 深层中倾高台特大型滑坡

附表 6－3 静宁县海原大地震部分滑坡汇总表

序号	位置总称	地震烈度	滑坡体 现状 长/m	宽/m	平均厚度/m	体积/万 m^3	坡角/(°)	原状 坡高/m	坡角/(°)	滑动方向	坡体描述及命名
1	八里乡米家湾组 2 号滑坡	Ⅸ	1000	200	8	160	10	100	16	245	坡体平面不规则，坡面植被茂盛，后缘及左右未滑体为低坎，坎前多坡积物。 浅层中倾高台中型滑坡
2	八里乡孙家沟 1 号滑坡	Ⅸ	1194	329	30	1178	4	112	17.2	70	坡体平面呈舌形，坡面多坎阶梯状，前缘为梯田、植被茂盛，后缘及左右未滑体低坎，坎下为坡积斜坡。 深层中倾高台特大型
3	八里乡剡白村邹家塌山组 3 号滑坡	Ⅸ	471	800	8	301	2	93	15	300	坡体平面呈矩形，坡面平缓、前缘有农田农舍，后缘和左侧未滑体为缓坡，右侧为低坎缓坡。 浅层中倾中高中型滑坡
4	八里乡剡白村邹家塌山组 5 号滑坡	Ⅸ	650	1375	30	2681	4	111	15	105	坡体平面呈矩形，坡面为缓坡，有村舍农田公路。 后缘及左右未滑体坡缓而低。 深层中倾高台特大型滑坡
5	高界镇七里村滑坡	Ⅸ	791	180	8	113.9	5	93	14	240	坡体平面呈舌形，坡面多斜坡。后缘及左右未滑体为料坡。 浅层中倾中台中型滑坡
6	界石铺镇米家湾组 1 号滑坡	Ⅸ	980	230	15	338	4	166	14	18.5	坡体平面呈舌形。坡面后缘为斜坡，中部为梯田，前缘为深沟。后缘及左右未滑体呈斜坡状。 中深中倾高台中型滑坡
7	灵芝乡陈岔村陈家岔 1 号滑坡	Ⅸ	426	205	30	261	1	100	18.6	315	坡体平面呈舌形，坡后较陡，前缘平缓成台田，后缘及左右未滑体为矮缓坡。 深层中倾高台中型滑坡
8	灵芝乡高义村埫上组滑坡	Ⅸ	500	740	12	444	6	90	15	18	坡体平面呈矩形，上部为缓坡，中、前部数级平台有农舍农田，后缘及左右未滑体为缓坡。 中深中倾中高中型滑坡

续表

序号	位置总称	地震烈度	滑坡体								坡体描述及命名
			现状					原状		滑动方向	
			长/m	宽/m	平均厚度/m	体积/万 m^3	坡角/(°)	坡高/m	坡角/(°)		
9	灵芝乡高义村滩里组 1 号滑坡	Ⅸ	850	289	13	320	6	150	19	250	坡面呈舌形，坡面为缓坡，前缘为农田，后缘及左侧未滑体为斜坡，右侧为陡坎。 中深中倾高合中型滑坡
10	灵芝乡高义村滩里组 2 号滑坡	Ⅸ	350	162	8	45.3	6	76	17	85	坡平面不规则，坡面多台阶，前缘为农田，后缘及左右未滑体为坎。 浅层中倾中高小型滑坡
11	灵芝乡峻峰村川口组 2 号滑坡	Ⅸ	490	380	20	372	6	98	17	280	坡体平面为半椭圆形，坡面上部为斜坡，前缘为农田、大路，后缘及左右未滑体为低坎，坎前多坡积物。 中深中倾中台中型滑坡
12	灵芝乡峻峰村川口组 3 号滑坡	Ⅸ	461	293	10	135	11	83	14	95	坡体平面呈半圆形，坡面上陡下缓有台田、公路，后缘及左右未滑体为坡。 浅层中倾中台中型滑坡
13	灵芝乡苗堡村滑坡	Ⅸ	600	251	40	602	5	33	13.5	260	坡体平面呈舌形，坡面上部为坡，前缘有台田、民居、公路，后缘及左右未滑体为斜坡。 深层中倾中台大型滑坡
14	灵芝乡史家壑岘村冯家湾滑坡	Ⅸ	650	240	10	156	5	124	15	280	坡体平面呈矩形，坡面多台阶，前缘为农田，后缘及左右未滑体为低坎，坎前有坡积物。 浅层中倾高台中型滑坡
15	灵芝乡宋岔村二组滑坡	Ⅸ	750	540	15	607	2	132	13	120	坡体平面不规则，坡面上部为坡，下部为农田公路，坡后缘及左右未滑体呈低坎。 中深中倾高台大型滑坡
16	灵芝乡赵村 1 号滑坡	Ⅸ	1623	269	25	1091	6	150	22	270	坡体平面不规则，坡面为缓坡，坡前有公路、台田，后缘及左右侧未滑体为低坎，坎前有坡积物。 深层中倾高台特大型滑坡

续表

序号	位置总称	地震烈度	滑坡体								坡体描述及命名
			现状					原状		滑动方向	
			长/m	宽/m	平均厚度/m	体积/万 m^3	坡角/(°)	坡高/m	坡角/(°)		
17	灵芝乡赵村塌山组滑坡	Ⅸ	689	211	50	726	6	120	15.5	350	坡体平面呈舌形，坡面为斜坡，前缘成台田，后缘及两侧未滑体呈陡坎。 深层中倾高台大型滑坡
18	灵芝乡王庄湾滑坡	Ⅸ	940	176	30	496	17	144	14.9	285	坡体平面呈舌形，坡面上部为坡，下部为多级台阶有建筑，后缘及左右侧未滑体呈低坎。 深层中倾高台中型滑坡
19	灵芝乡魏岔村阳坡组1号滑坡	Ⅸ	600	360	15	324	8	140	13	280	坡体平面呈矩形，坡面为斜坡，前缘为梯田，中间发育深冲沟，后缘及左右未滑体为陡坎，坎下有坡积物。 中深中倾高台中型滑坡
20	灵芝乡魏岔村阳坡组2号滑坡	Ⅸ	880	340	20	598	5	160	12	280	坡体平面呈矩形，上部坡面陡，下部平缓，中间有较深冲沟，前缘成农田，后缘及左右未滑体见低坎，坎前多坡积物。 中深中倾高台大型滑坡
21	灵芝乡魏岔村阳坡组3号滑坡	Ⅸ	620	370	10	229	6	130	18	900	坡体平面呈舌形，坡面上部较陡，中部平缓，前缘临沟有坎，后缘及左右未滑体见低坎，坎前多坡积物。 浅层中倾高台中型滑坡
22	灵芝乡观音村2号滑坡	Ⅸ	677	280	10	189	8	117	12	80	坡体平面呈舌形，坡面多层台阶，前缘为台田，后缘未滑体坡积物覆盖，左未滑体为陡壁，右边未滑体为坡。 浅层中倾高台中型滑坡
23	原安乡观音村3号滑坡	Ⅸ	970	445	18	776	3	121	15.2	280	坡体平面不规则，坡面为多层台阶，前缘为农田，后缘及左侧未滑体为斜坡，右侧见陡坎。 中深中倾高台大型滑坡

续表

序号	位置总称	地震烈度	滑坡体								坡体描述及命名
			现状					原状		滑动方向	
			长/m	宽/m	平均厚度/m	体积/万 m^3	坡角/(°)	坡高/m	坡角/(°)		
24	原安乡观音村西坡组 2 号滑坡	Ⅸ	550	380	15	313	10	100	15	110	坡体平面不规则，坡面为多层台阶，前缘为农田、公路、水塘。后缘及右侧未滑体前为坡积斜坡，右侧多台田。 中深中倾高台中型滑坡
25	原安乡坷老村老组 2 号滑坡	Ⅸ	350	150	10	52.5	5	60	17	265	坡体平面呈舌形，坡面上部为坡积物斜坡，前缘为农田、公路。右侧未滑体为陡坎。 浅层中倾中台中型滑坡
26	原安乡坷老村上张组 1 号滑坡	Ⅸ	780	330	18	463	6	123	16	90	坡体平面呈舌形，坡面上部为坡，下前部为农田、公路，顺坡向有冲沟，后缘及左右未滑体见上部陡坎大部为坡积物覆盖。 中深中倾高台中型滑坡
27	原安乡坷老村上张组 2 号滑坡	Ⅸ	400	260	10	104	8	90	16	310	坡体平面呈舌形，坡面多层台阶，中下部为台田，前缘有公路在沟边，后缘及左右未滑体见低坎，坎前为坡积物斜坡。 浅层中倾中台中型滑坡
28	原安乡坷老村杨湾组 2 号滑坡	Ⅸ	690	240	15	248	4	72	12	75	坡体平面呈舌形，坡面多台阶，仅左侧未滑体为陡坎。 中深中倾中高中型滑坡
29	原安乡民寨村张安组 2 号滑坡	Ⅸ	1527	400	15	916	5	166	14	265	坡体平面呈舌形，坡面上部为斜坡，下部为台田，后缘及左侧未滑体前为坡积斜坡，右侧呈连续陡壁。 中深中倾高台大型滑坡
30	原安乡民寨村张吕家组 2 号滑坡	Ⅸ	870	580	18	908	6	91	16	275	坡体平面呈矩形，坡面多台田，顺沟向有民房，后缘及左侧未滑体有坎。 中深中倾中台大型滑坡

续表

序号	位置总称	地震烈度	滑坡体								坡体描述及命名
			现状					原状		滑动方向	
			长/m	宽/m	平均厚度/m	体积/万 m^3	坡角/(°)	坡高/m	坡角/(°)		
31	原安乡民寨村张吕家组滑坡	Ⅸ	550	482	20	530	4	100	21	100	坡体平面呈半椭圆形，坡面起伏大，前缘有台田公路，后缘及左右未滑体有少部见陡坎，多有坡积物。 中深中倾高台大型滑坡
32	原安乡南营村南岔姚组滑坡	Ⅸ	842	366	25	770	9	122	15	285	坡体平面不规则，似 3 个滑坡体。前缘有少部分台田，后缘及左右侧未滑体多陡坎，坎前多坡积物斜坡。 深层中倾高台大型滑坡
33	原安乡南营村下雷家组滑坡	Ⅸ	640	520	20	665	5	134	13	260	坡体平面不规则，坡面上部及左右多缓坡少陡坎，前缘有农舍、农田，后缘及右侧未滑体为斜坡，左侧为不规则陡坎。 中深中倾高台大型滑坡
34	原安乡姚河村广场湾组滑坡	Ⅸ	872	270	15	353	5	118	11	330	坡体平面不规则，坡面上部为陡坡，下部多台田，后缘及左右未滑体被堆积物斜坡覆盖。 中深中倾高台中型滑坡
35	原安乡姚河村滑坡	Ⅸ	450	100	14	63	4	100	13	270	坡体平面呈舌形，坡面上部为斜坡，下部前缘有台田及公路、后缘及左侧低坎前为坡积物，右侧陡坎较高。 中深中倾高台中型滑坡
36	原安乡原头村张安组 1 号滑坡	Ⅸ	1208	405	15	733	9	137	14	120	坡体平面呈三角形，坡面上部为斜坡，下部为台田、公路。后缘及左右未滑体坎前为坡积物。 中深中倾高台大型滑坡

附表 6－4

彭阳县海原大地震部分滑坡汇总表

序号	位置总称	地震烈度	滑坡体								坡体描述及命名
			现状					原状		滑动方向	
			长/m	宽/m	平均厚度/m	体积/万 m^3	坡角/(°)	坡高/m	坡角/(°)		
1	白阳镇大屯滑坡	Ⅷ	507	442	20	4481	11	103	24.2	266	坡体平面不规则，坡面较陡多台田有农舍，后缘及左侧未滑体为陡，右侧前缘临近沟谷。 中深陡倾高台特大滑坡
2	白阳镇雷家岔滑坡	Ⅷ	219	245	18	96.5	8	44	18.1	279	坡体平面呈矩形，坡面为多台阶，前缘为农田，后缘及左右未滑体呈陡坎状。 中深中倾低台中型滑坡
3	白阳镇李儿湾滑坡	Ⅷ	248	241	16	95.8	11	55	22	62.6	坡体平面呈三角形，坡面呈台阶及斜坡，沟坎较多，后缘及左右侧未滑体呈多级陡坎。 中深中倾中台中型滑坡
4	白阳镇什字村南侧滑坡	Ⅷ	120	211	22	47	11	77	32	270	坡体平面不规则，坡面多台阶。坡后缘高处有村舍，坡前缘有农田土路，坡后缘及左右未滑体为陡坎。 中深陡倾中台小型滑坡
5	白阳镇羊路湾2号滑坡	Ⅷ	154	236	16	58	7	52	24.8	278	坡体平面呈半椭圆形，坡斜植被茂盛，前缘有梯田，后缘及左右未滑体为陡坎。 中深陡倾中高中型滑坡
6	白阳镇郑家山1号滑坡	Ⅷ	190	288	9	49.2	6	42	19.9	333	坡体平面形态不规则，坡体多台阶，前缘为梯田，后缘未滑体被松散坡积物覆盖，后右侧为单薄山体，左右侧未滑体前缘陡坎下有坡积斜坡。 浅层中倾低台小型滑坡
7	古城镇川口村王家湾1号滑坡	Ⅷ	396	588	17	395	10	70	17.4	95	坡体平面不规则，坡面有顺坡向冲沟，前缘有台田，后缘及左右侧未滑体多见陡坎，坎上台面有民居。 中深中倾中台中型滑波

续表

序号	位置总称	地震烈度	滑坡体							滑动方向	坡体描述及命名
			现状					原状			
			长/m	宽/m	平均厚度/m	体积/万 m^3	坡角/(°)	坡高/m	坡角/(°)		
8	古城镇丁岗堡村东南侧1号滑坡	Ⅷ	393	280	12	132	7	65	21.5	315	坡体平面呈舌形。坡面上部为低坎缓坡，下缘平缓有农田农舍，后缘及左右未滑体为陡坎，见有冲沟，植被茂盛。 中深中倾中台中型滑坡
9	古城镇碱沟门北侧滑坡	Ⅷ	234	135	13	41.1	12.6	52	26.5	235	坡体平面不规则，坡面中间高左右两侧低，后缘及左右两侧为陡坎，坎前少有坡积物。 中深陡倾中高小型滑坡
10	古城镇刘沟门村南侧滑坡	Ⅷ	320	250	8	64	9	48	22	276	坡体平面呈半椭圆形，坡面为多层梯田，坡上部有民居及小路，后缘及左右两侧未滑体为陡坎，坎前少有堆积物。 浅层中倾低坡中型滑坡
11	古城镇上麻子湾2号滑坡	Ⅷ	209	441	18	129	11	47	22.3	81	坡体平面不规则，坡中间有顺坡向冲沟，前缘有梯田、后缘及左右侧为陡坎，植被茂盛。 中深中倾低台中型滑坡
12	古城镇王德沟滑坡	Ⅷ	219	252	12	66.2	9	41	16.3	42	坡体平面呈半椭圆形，坡面为多阶斜坡，前缘平坦为农由，后缘及左右两侧未滑体为陡坎，后坎下有民居。 中深中倾低台中型滑坡
13	红河乡木瓜洼2号滑坡	Ⅷ	229	286	17.5	114.6	12	74	24.2	84	坡体平面呈舌形，顺坡向有冲沟，两侧为梯田，后缘及左右两侧未滑体为陡坎。 中深陡倾中台中型滑坡

附表 6-5　会宁、固原、平凉海原大地震部分滑坡汇总表

序号	位置总称	地震烈度	滑坡体								坡体描述及命名
			现状					原状		滑动方向	
			长/m	宽/m	平均厚度/m	体积/万 m^3	坡角/(°)	坡高/m	坡角/(°)		
1	会宁大李家村麻地沟2号滑坡	Ⅸ	360	300	25	270	3	80	24	75	坡体平面呈半椭圆形，坡面平缓，后缘有民居，前缘为平坦农田，后缘及左右未滑体为陡坎，岩石裸露且较高。 深层中倾中台中型滑坡
2	会宁大李家村麻地沟3号滑坡	Ⅸ	160	126	20	40.3	6	76	23	10	坡体平面呈三角形，坡面上部为斜坡，中部为民居道路，坡后缘及左右未滑体为较高陡坎。 中深中倾中台小型滑坡
3	固原市河川乡明川村东南侧滑坡	Ⅷ	173	450	15	116.7	6	48	22	266	坡体平面近似半椭圆形，坡面起伏大，中间有顺坡向冲沟，前缘有积水，后缘及左右未滑体陡坎较高，少有坡积物，基岩裸露。 中深中倾低台中型滑皮
4	平凉市崆峒区黑牛沟西侧滑坡	Ⅷ	242	419	27	273	19	66	22.9	91	坡体平面不规则，坡面台阶状，前缘临沟谷，后缘及左右侧未滑体陡坎状。 深层中倾中台中型滑坡

参 考 文 献

[1] 曹振中，袁晓铭. 砾性土液化原理与判别技术［M］. 北京：科学出版社，2015.

[2] 河北省地震局. 1966年邢台地震摄影纪实［M］. 石家庄：河北美术出版社，1986.

[3] 谢毓寿，蔡美彪. 中国地震历史资料汇编（第五卷）［M］. 北京：科学出版社，1983.

[4] 《一九二〇年海原大地震》编委会. 一九二〇年海原大地震［M］. 北京：地震出版社，2020.

[5] 李孝波，薄景山. 1920年海原特大地震诱发黄土滑坡图集［M］. 北京：地震出版社，2019.

[6] 国家地震局地质研究所，宁夏回族自治区地震局. 海原活动断裂带［M］. 北京：地震出版社，1990.

[7] 白永年，等. 土坝坝体劈裂灌浆技术［M］. 北京：水利电力出版社，1987.

[8] 郭莹. 土力学［M］. 北京：中国建筑工业出版社，2014.

[9] 郭国栋. 土力学［M］. 北京：水利电力出版社，1986.

[10] 孙福，魏道垛，等. 岩土工程勘察设计与施工［M］. 北京：地质出版社，1998.

[11] 邢斌. 水利水电工程地质钻探（第二版）［M］. 北京：水利电力出版社，1983.

[12] 《工程地质手册》编委会. 工程地质手册（第四版）［M］. 北京：中国建筑工业出版社，2007.

[13] 水利电力部水利水电规划设计院. 水利水电工程地质手册［M］. 北京：水利电力出版社，1985.

[14] 郭继武. 地基基础设计简明手册［M］. 北京：机械工业出版社，2007.

[15] GB 50011—2010（2016年版）建筑抗震设计规范［S］. 北京：中国建筑工业出版社，2016.

[16] GB 50487—2008（2022年版）水利水电工程地质勘察规范［S］. 北京：中国计划出版社，2022.

[17] GB 50287—2016 水力发电工程地质勘察规范［S］. 北京：中国计划出版社，2016.

[18] GB/T 50123—2019 土工试验方法标准［S］. 北京：中国计划出版社，2019.

[19] SL 188—2005 堤防工程地质勘察规程［S］. 北京：中国水利水电出版社，2005.

[20] GB 50021—2001（2009版）岩土工程勘察规范［S］. 北京：中国建筑工业出版社，2009.

[21] GB 51247—2018 水工建筑物抗震设计标准［S］. 北京：中国计划出版社，2018.

[22] DB/T 29-247—2017 天津市岩土工程勘察规范［S］. 北京：中国建材工业出版社，2017.

[23] 曹振中，徐学燕，等. 汶川8.0级地震板桥学校液化震害剖析［J］. 岩土工程学报，2011，33（S1）：331-336.

[24] 石兆吉，郁寿松，丰万玲. 土壤液化势的剪切波速判别法［J］. 岩土工程学报，1993（1）：74-80.

[25] 刘惠珊. 1995年阪神大地震的液化特点［J］. 工程抗震，2001（1）：22-26.

[26] 白铭学，张苏民. 高烈度地震时黄土地层的液化移动［J］. 工程勘察，1990（6）：1-5.

[27] 王兰民，袁中夏，汪国烈. 饱和黄土场地液化的工程初判和详判指标与方法研究［J］. 地震工程学报，2013，35（1）：1-8.

[28] 邓龙胜，范文. 宁夏海原8.5级地震诱发黄土滑坡的变形破坏特征及发育机理［J］. 灾害学，2013，28（3）：30-37.

[29] 王兰民. 黄土地层大规模地震液化滑移的机理与风险评估［J］. 岩土工程学报，2020，42（1）：1-19.

[30] 佘跃心，刘汉龙，高玉峰. 饱和黄土孔压增长模式与液化机理试验研究［J］. 岩土力学，2002（4）：395-399.

后　记

地震液化在世界范围广泛受到工程界重视，已有很多研究成果。但总体而言，当前预判准确率还不高，研究方法多受框于西特液化判别法。液化的发生发展受多因子的作用，众多因子在每次地震液化中主次不是固定的，是组合多变的。综合判别法力求多面分析，多角度审视。突出重点以事实为依据，试验为佐证进行判别。

黄土液化仍然难以提出合理的判别标准，古代地震黄土液化记载只言片语，近代最引人注目的海原大地震黄土液化，近百年后在大量滑坡体寻找液化遗迹也是困难多多。吉西等五县 200 个黄土滑坡无一不被改造成农田，25%滑坡体上修建了民居，地形地貌大有改变。经过滑动的滑坡体结构已经有了很大变化，水文地质条件变化已经难觅原来踪迹，说不清的地震液化条件也难以确定液化的发生。

本书缺少更多第一手资料，提出的综合判别也是根据前人的思路进行了一次尝试，至多起到抛砖引玉的作用，心愿足矣，有反对意见不论批评批判都是金玉良言。